聪明孩子不可不知的
125个科技前沿

乔春颖 编著

黑龙江教育出版社

前　言

科学一词，英文为science，源于拉丁文的scio，后来又演变为scientin，最后成了今天的写法，其本意是“知识”、“学问”。

科学的诞生和人类的历史基本上一样久远。我们人类在地球上生活了700万年，据考古发现，大约距今30万年前，原始人就在制造石器的过程中，开始了认识自然、改造自然的实践活动。

可以说，人类已经创造了非凡的高科技文明。但时至今日，人类运用智慧促进科学进步的道路仍在继续。在这条道路上，科技的新进展正在以超出常人想象的速度四处涌现。

机器人又有什么新本领了？哪个星球最有可能成为人类的第二家园？芯片能够植入人脑？这些不断出现新进展而又没有确定结果的前沿问题就在那里等着我们去揭开它们的层层面纱。

作为未来栋梁的青少年，在了解科技重要性的同时，更需要主动地了解最新科技的情况，用最新的科学思维来更新头脑，用最新的科学前沿问题激发自己的创造力和想象能力。

本书向青少年敞开了一个了解前沿科技的大门。书中包罗了最新鲜、最有趣、最重大的科技前沿内容，带你步入科学的殿堂，让科学知识在妙趣横生中传播，让科学精神在博大精深中渗透。

历史显示，伴随着这些高科技的进步，人类对自然选择的依赖性越来越弱。这充分说明了，只有我们自己——人类，才拥有决定自身物种命运的无上选择权。相信随着你从这本书吸收越来越多的新鲜知识，你对人类改造自然、改造生活的信心会不断地增强。当这种知识、这种信心在你们当中得到广泛传播和树立之时，也必将是科学精神能够在未来得到更远延续和更深提高之时。我们也才有理由相信，依靠科技的越来越快的发展，人类必将继续在这种环境中繁衍生息几十万年，创造更多的辉煌文明。

这是一本献给那些热爱科学、立志在科学领域有所成就的孩子们的启蒙书。

扩大你的视野，全面提升你的科学素质！

一天学习一点点，你就能从同龄孩子中脱颖而出！

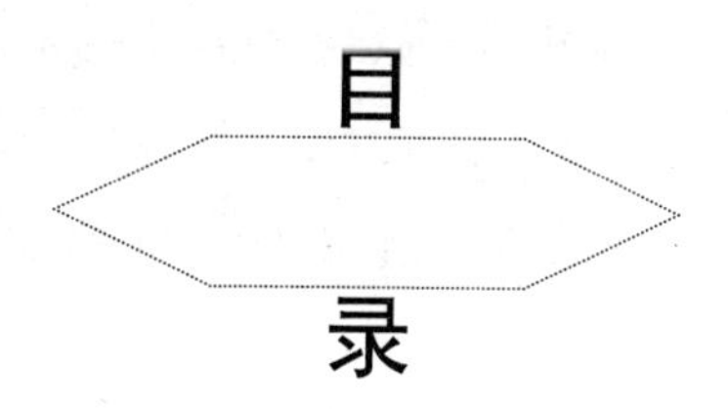
目
录

四、军事科学 137

五、体育科学 165

六、能源科学　179

七、信息科学　205

八、制造科学　227

九、海洋科学　237

十、材料科学　261

一、生命科学

1. 神奇的基因

人类基因组计划的最后一步

当全球 16 个实验室通过电子邮件将最后一个比特的基因代码传输到一个中央数据库时，人类基因组计划正式结束，人类基因组计划 13 年漫漫探索路上的最后一步胜利走完。

人类基因组计划（human genome project, HGP）与曼哈顿原子弹计划和阿波罗登月计划并称为世界三大科学计划。而人类基因组计划更是被称为生命科学的“登月计划”，其难度可想而知。所幸的是，它的进展还算顺利。此前，科学家至少两次宣布过该计划的完工，但推出的均不是全本，而是人类基因组草图。这一次，科学家最新“杀青”的全本“生命之书”也只覆盖了人类基因组的 99%。但与 2000 年最初宣布的人类基因组草图相比，基因组全本填补了草图中的许多漏洞，并作了不少修改。草图每 1 万个碱基中有一处错误，现在，这一错误率下降到了十万分之一。

1984 年，科学家们在美国犹他州一滑雪胜地聚会，探讨如何识别日本广岛原子弹轰炸幸存者的基因突变。美国能源部顾问委员会在 1987 年的报告中敦促美国开始人类基因研究行动，并预见这一研究“在广度和深度上都是非凡的”，“将最终为人提供一本人类之书”。1988 年，美国一份联邦报告批准了人类基因组计划，1990 年美国国会开始为计划提供资助，该计划正式启动。

美国、英国、法兰西共和国、德意志联邦共和国、日本和我国科学家共同参与了这一价值达 30 亿美元的人类基因组计划。

1999 年，中国也加入了这一研究，承担了 1% 的测序任务。

基因与生命密码

基因组计划的目标是：测出人体基因组中包含的 30 亿个碱基对的排列顺序；确定 24 对染色体上的基因分布；绘制一幅分子水平的人体解剖图；

把人体基因的全部遗传信息输入基因库，帮助科学家掌握有关碱基对如何组成基因、每个基因的功能、它们如何相互影响以及控制人的生命过程。也就是说，要通过揭开组成人体10万个基因的30亿个碱基对的秘密，解码生命、了解生命的起源、了解生命体生长发育的规律、认识种属之间和个体之间存在差异的起因、认识疾病产生的机制以及长寿与衰老等生命现象、为疾病的诊治提供科学依据。同时，在研究过程中公开所有发现。

科学家终于撰写完了曾经被认为是不可能的人类生命之书。这本书包含着人类自身的许多秘密；包含着改造医药、了解疾病的关键；更包含着所有人对生命科学改造生活的殷切期望。

举例来说，人类基因组计划的完成帮助人们弄清了导致疾病的罪魁基因，这将使基因测试迅猛发展。以癌症为例，这种疾病通常需要数年时间才能形成，有效的测试能够警告人们可能有患癌症的危险。基因测试也能帮助人们更好地了解自我。许多来自有某种家族疾病史家庭的人早就想弄清自己是否注定要得家族遗传病。

当然，“过去的只是序幕”，在“人类基因组计划”结束之后，一个名为“基因组到生命”的新计划已经开始。新的探索将把基因研究推进到生命的每一个层面，例如，基因对于人种的作用，对于个性、行为的影响等等。目前，研究人员认为的一个最主要和最大的问题是，人到底需要多少条基因来完成生命的发育和成长。

而早在人类基因组全本完成之前，科学家就已经把目标转移到基因功能鉴定和蛋白质研究等方面。科学家认为，至少4000种基因与人类疾病的发生有直接关系，还有大量基因与疾病有千丝万缕的联系。但是，在确定致病基因之前，必须首先分析出基因组上数万条有遗传意义的基因的位置、结构和功能等。

还有1%无法测序

我们才刚刚认全基因这本大书的所有字母，更浩瀚的“故事”仍在人们的期待之中。已经完成的99%只是对这本书的惊鸿一瞥，由于一些高深莫测的原因，人类基因组中有1%被证实是无法测序的。也许，这1%中，还蕴藏着生命的其他奥秘。这些奥秘不是那么容易被揭开，像一位学者所说：“一提到自然，我们就会想到太阳、月亮和地球等眼睛能够看到的东西。而绘制人体设计图的则是不为我们眼睛所见的大自然的伟大威力。”

2. 骨髓移植后性格也移植吗

它让绝症不再绝

随着医学知识的普及，“骨髓移植”早已不是什么新鲜词了，但大多数人对骨髓移植的了解还只是停留在“治疗白血病”这个简单的层面上。从科学的角度来解释，骨髓移植（bone marrow transplantation,BMT ）是一种相当先进的治疗方法，属于器官移植的一种，做法是将正常骨髓由静脉输入患者体内，以取代病变骨髓的治疗方法。主要用来治疗急慢性白血病、严重型再生不良性贫血、地中海性贫血、淋巴瘤、多发性骨髓瘤以及现在更进一步尝试治疗转移性乳腺癌和卵巢癌。

为什么在骨髓上做文章可以治疗这些绝症呢？这是因为骨髓的作用就是造血功能。人体内的血液成分处于一种不断地新陈代谢中，老的细胞被清除，生成新的细胞，骨髓的重要功能就是产生生成各种细胞的干细胞，这些干细胞通过分化再生成各种血细胞如红细胞、白细胞、血小板、淋巴细胞等。因此，骨髓对于维持机体的生命和免疫力非常重要。

骨髓移植之后

现在很多人都知道，一个人如果造血功能出现障碍，就必须进行骨髓移植，但是成功接受骨髓移植后，患者的身体方面会发生什么变化，一般人恐怕都不了解。

有人提出：进行骨髓移植后，两个非亲非故的陌生人的相貌越长越像，并举出了实例，一名皮肤白皙的女士成功地将骨髓捐给一名皮肤黝黑的女大学生，奇怪的是这名大学生的皮肤奇迹般地日渐白皙。还有人说：患者的性格会发生变化，有报道称，脾气暴躁的一名患者在接受了骨髓移植后，渐渐地脾气如同骨髓捐献者一般温和了。这些说法让骨髓移植变得神秘了起来。

这些说法有科学性吗？骨髓移植，移植的是造血干细胞，干细胞在揭示生命奥秘方面的巨大潜力叫人对这些问题产生了疑惑。

到底什么发生了改变？

谈到骨髓移植，专业人士更倾向使用的词是“造血干细胞移植”。他说，造血干细胞移植是经大剂量放化疗或其他免疫抑制预处理，清除受体体内的肿瘤细胞、异常克隆细胞，阻断发病机制，然后把自体或异体造血干细胞移植给受体，使受体重建正常造血和免疫，从而达到治疗目的的一种治疗手段。

造血干细胞移植后，患者身体的确会发生一些变化。根据现有的已经被普遍接受的研究资料，接受骨髓移植者，最常见的改变是血型，移植后患者的红细胞血型变为供者红细胞血型。比如供者是A型，移植后不论移植前患者血型为何型，均变为A型。内分泌系统也会改变：由于移植前预处理为大剂量照射和化疗，这种治疗对身体器官有很大的损伤。移植后很多器官组织短期内得到恢复，但是性激素分泌变化显著。男性患者出现精子数量减少，但其性功能（性生活）不受影响。女性患者常常出现闭经。另外，由于移植后的免疫反应，部分患者会出现口腔溃疡、皮肤色素沉着。

相貌和性格变没变？

对于骨髓移植“移植”走了相貌、性格，有评论说：“这是典型的伪科学思维。”相貌改变说和性格改变说遭受了一连串强有力的质疑：为什么这一对是相貌相似，那一对是肤色相似，另一对又是性格相似？骨髓的影响会因人而异不成？怎么知道这种相似性就是骨髓引起的？

有关专家表示，近几年有研究结果表明造血干细胞具有可塑性，可以转变为血管、肝脏、脂肪、神经、肌肉等组织细胞。因此很多研究单位、医院研究用造血干细胞治疗冠心病、神经损伤、血管闭塞性疾病。但因为成人患者骨骼生长已经停止，所以移植患者长相不会有大的改变。至于性格上的改变，他强调这并非是造血干细胞移植的结果，而主要是因为患者通过一系列治疗后，对人生有另一种认识。并且移植后一段时间免疫力低下，在饮食、社交活动中需要注意避免感染，故而变得小心谨慎。

不过也不是所有的专家都对此持怀疑态度，另一专家则表示，也许有“越来越像”的可能，1999 年，美国科学家首先证明人体干细胞具有“横向分化”的功能，比如造血干细胞可能转化为肌肉细胞、神经细胞、成骨细胞等等，反之亦然。美国科学家曾将黑鼠的骨髓移植给白鼠，白鼠长出了黑毛发；英国科学家将骨髓植入心脏病人的心脏，结果骨髓干细胞分化构建成小的毛细血管，改善了心脏功能。在他看来，相貌的“移植”恐怕不仅仅是猜测或者空想。

讨论还将继续。我们期待着谜底的早日揭开。

3. 每个人都有两个大脑

第二大脑浮出水面

人体还有第二个大脑！科学家新近得出的这一结论出乎许多人的意料。

美国哥伦比亚大学的迈克·格尔松教授经研究确定，在人体胃肠道组织的褶皱中有一个“组织机构”，即神经细胞综合体。在专门的物质——神经传感器的帮助下，该综合体能独立于大脑工作并进行信号交换，它甚至能像大脑一样参加学习等智力活动。迈克·格尔松教授由此创立了神经胃肠病学学科。

不久以前，人们还以为肠道只不过是带有基本条件反射的肌肉管状体，任何人都没注意到它的细胞结构、数量及其活动。但近年来，科学家惊奇地发现，胃肠道细胞的数量约有上亿个，迷走神经根本无法保证这种复杂的系统同大脑间的密切联系。那么胃肠系统是怎么工作的呢？科学家通过研究发现，胃肠系统之所以能独立地工作，原因就在于它有自己的司令部——人体第二大脑。

第二大脑的历史

人体内这个所谓的第二大脑有自己有趣的起源。古老的腔体生物拥有早期神经系统，这个系统使生物在进化演变过程中变为功能繁复的大脑，而早期神经系统的残余部分则转变成控制内部器官如消化器官的活动中心，这一转变在胚胎发育过程中可以观察到。在胚胎神经系统形成最早阶段，细胞凝聚物首先分裂，一部分形成中央神经系统，另一部分在胚胎体内游动，直到落入胃肠道系统中，在这里转变为独立的神经系统，后来随着胚胎发育，在专门的神经纤维——迷走神经作用下该系统才与中央神经系统建立联系。

第二大脑的运作

同大脑一样，为第二大脑提供营养的是神经胶质细胞。除此之外，第二大脑还拥有属于自己的负责免疫、保卫的细胞。另外，像血清素、谷氨酸盐、神经肽蛋白等神经传感器的存在也加大了它与大脑间的这种相似性。

第二大脑的主要机能是监控胃部活动及消化过程，观察食物特点、调节消化速度、加快或者放慢消化液分泌。十分有意思的是，像大脑一样，人体第二大脑也需要休息、沉浸于梦境。第二大脑在做梦时肠道会出现一些波动现象，如肌肉收缩。在精神紧张情况下，第二大脑会像大脑一样分泌出专门的荷尔蒙，其中有过量的血清素。人能体验到那种状态，即有时有一种“猫抓心”的感觉，在特别严重的情况下，如惊吓、胃部遭到刺激则会出现腹泻。所谓“吓得屁滚尿流”即指这种情况。

第二大脑的反作用

神经胃是医学界的一个专业术语，它主要指胃对胃灼热、气管痉挛这样强烈刺激所产生的反应。倘若有进一步的不良刺激因素作用，那么胃将根据大脑指令分泌出会引起胃炎、胃溃疡的物质。相反，第二大脑的活动也会影响大脑的活动。比如，将消化不良的信号回送到大脑，从而引起恶心、头痛或者其他不舒服的感觉。人体有时对一些物质过敏就是第二大脑作用于大脑的结果。

研究继续

科学家虽然已发现了第二大脑在生命活动中的作用，但目前还有许多现象等待进一步研究。科学家还没有弄清第二大脑在人的思维过程中到底发挥什么样的作用，以及低级动物体内是否也应存在第二大脑等问题。人们相信，总有一天，科学会让每个人真正认知生命。“爱护肠胃！爱护自己的第二大脑！”

4. 人类寿命由谁决定

长命百岁

长寿曾经是多少古代帝王的美好愿望，今天它热度不减，仍是人类乐于寻找答案的谜题。

随着人类环境卫生的改善、公共卫生质量的提高，人的寿命也在不断延长。在 4000 年前的青铜器时期，人的平均寿命只有 18 岁。从青铜器时代到公元 1900 年的 4800 年间，人类的寿命估计约增加了 27 年。从公元 1900 年到 1990 年短短 90 年间，增加的幅度至少也有这么多。

现代科学家认为，理论上人类寿命有 120 岁，乌龟有 150 岁，狗有 20 岁。这种物种之间的寿命差异是由基因决定的。科学家已经在若干个物种里找到了跟寿命有关的基因，其中既有延长寿命的“长寿”基因，也有缩短寿命的基因。

人类寿命由谁决定？

科学界目前达成的共识是：人的寿命主要通过内外两大因素实现。内因是遗传，外因是环境和生活习惯。遗传对寿命的影响，在长寿者身上体现得较突出。一般来说，父母寿命高的，其子女寿命也长。德国科学家用 15 年的时间，调查了 576 名百岁老人，结果发现他们的父母死亡时的平均年龄比一般人多 9 ~ 10 岁。美国科学家发现，大多数百岁老寿星的基因，特别是“4 号染色体”有相似之处。研究人员希望能够开发出相应的药物帮助人类益寿延年。

“外因”也不可忽视。许多研究表明，通往长寿之路的关键还在于个人科学的行为方式和良好的自然环境、社会环境。完全按照健康生活方式生活，可以比一般人多活 10 年，即活到 85 岁以上。

长寿的探索

科学家发现，酵母菌是单细胞生物，可完整地诠释细胞的老化机制。经过基因“修改”的酵母菌，寿命延长 6 倍！这项试验创造了延长生物生命的最高纪录。他们已开始在老鼠身上进行此类试验。试验鼠在去除这两种关键基因后，寿命明显延长。

另一发现是，细胞的染色体顶端有一种叫做端粒酶的物质。细胞每分裂一次，端粒就缩短一点，当端粒最后短到无法再缩短时，细胞的寿命也就到头了。如果对端粒酶来个“时序倒转”，细胞不就长生不灭了吗？已经取得的成果有：使用纳米技术，老鼠的脑细胞寿命被延长了 3 ~ 4 倍。

另外，生物体内有一种新陈代谢的副产物，叫活性氧，也叫自由基，与机体老化、癌症等疾病的发生密切相关。细胞氧化会造成细胞损伤或老化，而“长寿”基因的产物能防止细胞氧化，从而使人长寿。还有些基因的产物能修复受损的DNA，或通过控制染色体长度而控制细胞的老化过程，也能使人活得更久。

科学家认为，生物体内与寿命有关的基因至少有上百个，现在发现的只是其中很小的一部分。通过调节这些基因的表达，可以改变生物体的寿命。例如，美国加州大学的遗传学家麦克·罗斯通过选择寿命较长的果蝇进行交配，培养出了可以活70～80天的果蝇，它们的寿命是正常果蝇的2倍。

意大利和芬兰科学家最近声称发现了一种新的与长寿有关的基因。他们发现，这种基因有3种变异体，分别为E—2、E—3和E—4。他们共研究了185名芬兰百岁老人，结果发现，体内含E—4的老人与长寿无缘，因为含该基因变异体的人，血液运送脂肪的能力差，比较容易患心血管病和心肌梗塞。而不少百岁老人的体内含有E—2基因变异体。据分析，E—2有助于增强内分泌系统的功能，能使大脑和各器官之间更好地传递生理信息，使机体细胞和组织更有效地抵御疾病的袭击。

更有最新研究显示，新陈代谢加快有助于延长寿命。新陈代谢速度是指身体燃烧食物、制造能量的速度。英国阿伯丁大学的约翰和他的同事对42只老鼠做了新陈代谢测试，检测它们所消耗的氧气，直到它们死去。结果发现，新陈代谢快的一组老鼠的寿命是新陈代谢较慢的老鼠的3倍。

长寿的明天

虽然有关衰老相关基因的研究不断取得进展，但目前这些成果还几乎没有真正可以实用的。人类基因组学和蛋白质组学的进步无疑将极大地推进包括衰老机理研究和老年病防治在内的生命科学研究。生物信息学、生物芯片等多项技术也为衰老基础研究提供了高水平的技术平台。我们有理由相信，关于延长人类寿命的研究迟早会有大的突破。

5. 壁虎的尾巴能自动再生，人为什么不能

初识全能细胞

干细胞的“干”，是起源的意思。因此严格地说，干细胞是尚未分化发育的，能生成各种器官组织的全能细胞。按照分化程度和能否发育成各种器官组织这一标准，可以将其分为全能干细胞和组织干细胞。前者能发育形成一个完整的生物个体，就像人的胚胎发育成一个人一样，后者只能分化形成一些器官组织，如肝脏、心脏、骨骼、皮肤等。

因此理论上，医学家们可以把干细胞用在某些退化病变过程中遭到损坏的人体器官上。这个想法的灵感来自于对大量动物的观察：一些生物诸如蝾螈、水蛭和章鱼等，如果手、足甚至半截身子断了，很快就能重新长出来。

干细胞主要来源于胚胎。而现有技术已经能在体外鉴定、分离、纯化、扩增和培养人体胚胎干细胞和各种器官组织干细胞。

动物实验有成果

动物实验已经证明了利用干细胞再造组织器官的可行性。

美国研究人员实验显示，用克隆羊多利的方法可以提取干细胞，并定向培养成各种器官组织，而且这种器官和组织不会引起受体免疫排异反应。

他们从成年母牛耳朵上提取皮肤细胞（体细胞），将其DNA放入另一头母牛的去核卵细胞中，再用电刺激法促使它们融合并发育分化。细胞分化4天后形成胚囊，即胚胎干细胞团。此时，研究人员将它们植入代理母牛子宫，经过5～6周孕育成早期胚胎。再从早期胚胎中分离提取心脏、骨骼和肾脏等干细胞，并将其放在三维“支架”上培养成相应器官组织；然后把这些由胚胎干细胞形成的早期器官组织，植入提供皮肤细胞的母牛体内。3个月之后，母牛免疫系统没有出现排异迹象。而且，用这种克隆方法培育的器官组织，与普通牛器官组织功能类似。

当然，这种方式如果用在人身上，是否完全没有免疫原性还得靠实验证明。

干细胞得来不易

但是，利用干细胞并令其在体外生长复制人们所需的各种器官组织，目前还存在许多困难，这些困难集中体现在干细胞的来源上面。

现有理论和研究表明，要寻找可以分化发育的干细胞，只有从胚胎入手。

一种方法是通过自然怀孕或人工受孕获得胚胎，然后再在胚胎不同发育阶段，提取能分化发育成各种器官组织的干细胞，以培养人们所需的器官组织。但这就意味着孕育的目的，只为索要干细胞，而被提取了干细胞的胚胎实际上已被毁坏，不可能再发育成一个健全的婴儿。这在伦理上极具争议。

另一种方法是效仿克隆羊多利的技术路线获取胚胎干细胞。具体做法是，需要移植肝脏的患者先提供自身体细胞，由医生将细胞核取出，再植入一个去核的人卵细胞中，激活后使其发育成囊胚，再由囊胚分化生成具有内胚层、外胚层和中胚层的胚胎，此时的胚胎便含有分化成各种组织器官的干细胞了。提取这些干细胞在体外定向培养，即可生成特定的器官组织，如心、肝、肾、肌肉、骨骼和皮肤等，供患者移植。这种方法培养出来的器官诸如肝脏，实际上如同患者自身长出（克隆出）的一样，在主要组织相容性抗原和次要组织相容性抗原上都会比较一致，移植后就不会或很少排异。但提取干细胞后胎儿能否健康发育，也是很难保证的。

寻找胚胎以外的干细胞

既然从胚胎获取干细胞为伦理所困扰，一些研究人员便把目光投向胚胎以外的干细胞。

他们认为，可在人体其他器官组织寻找干细胞，如骨髓干细胞和血管内的干细胞，以培养器官组织。但是这样的干细胞能否培养全能分化或定向培养能够应用临床的器官组织很难说，因为从理论上讲，它们是已发育成熟的成年干细胞，不像胚胎干细胞那样尚未发育。

不过世界有些国家报道说，在人体各种器官组织中可以找到尚未分化发育，或未完全分化发育的干细胞，而且可以刺激它们分化发育。但是这样的干细胞能否像胚胎干细胞一样，在数量和分化发育质量上都得到保证，还需要相当的研究证明。目前，已有研究人员正在尝试并取得了一些成果。

6. 从动物身上得到的启示——仿生手与仿生脚

“长”在身上的机械臂

仿生手臂是人体与机器结合的产物。这种手臂非常先进。它的手心有两个电极。其中一个控制着手的开启，另一个则控制着关闭。这两个电极是通过毫安的电流操作的。当大脑发出操作手部相关肌肉动作的指令时，势必会促使他前臂或者是手心里的肌肉展开运动，与肌肉相通的小感应器能立即感觉到这一运动信号，同时将它传递给硅胶做成的手指中的马达，再由马达带动手指来最终完成大脑的原始旨意。

这一看似经过“千山万水”的复杂过程，其实几乎是在一瞬间完成的，因此安装了仿生手的人可以同时使用两只手完成生活中的每一项任务，让大脑的命令得到很好的执行。仿生手的功能不仅可以与真正的人手相媲美，而且在美观角度也做得非常的好。整只手的咬合零件如马达、变速箱、涡轮装置、电缆，包括提供动力的锂电池等电子元件，都安装在硅树脂里，这种独特元件不仅可以帮助使用者像正常人一样弯曲手腕，而且颜色和质地看起来也和正常手一样。当然，为了将残肢插入和抽出来，他们还设计了一个拉链。这样，从外表看，仿生手与人体手腕部位平滑接合，浑然一体。

仿生手是如此的接近人手，曾经一度为失去手臂而痛苦的人们又可以重新灵活自如地做自己想做的事情了。

仿生腿脚的挑战

然而，千万年的进化才使人类具有了如今高度复杂的系统，解决身体残疾的问题怎么可能那么容易？失去了手的人可以装上以假乱真的仿生手，那么失去了腿脚的人呢？腿脚的运作可比手复杂得多，它的每个动作都牵涉到许许多多肌肉和神经。

在电子工程师愿意接受这一挑战。他们设计了一种叫做自适应膝盖的产品。这种产品能够适应被截肢者希望行走的方式，是截肢者控制着四肢，而不是四肢控制着截肢者，这圆了众多残疾者的梦想。

正常腿的膝盖周围有 50 块肌肉帮助人行走，因此他们在设计这种产品时，结合了水力学和气体力学的相关知识，从而使装置能仿效一些肌肉。在这种自适应肢体的胫骨内，有一个控制气缸。气缸里有一个液压室和一个气压室。液压室在人走下坡路时提供额外的阻力。充气室的功能则类似于一个弹簧，依赖于所受到的阻力，由于需要非常大的阻力来摆动，这就限制了快速行走时腿的摆动距离。利用这种装置行走时，患者会感觉比较安全和稳定。把控制气缸和胫骨连在一起的是膝盖机械装置。就是这个装置可以让截肢者弯曲膝盖。这种装置还有运动检测器和微电脑控制活塞，这两者的组合反应类似肌肉和肌腱，根据速度和地形而改变。而且每个膝盖还可以单独编制程序。比如说设置不同的行走速度等。

伊安作为残疾人参与自适应肢体的试验至少有两年了。他经历了模型、试制和逐渐完善各个阶段，亲眼目睹了产品的不断的改进。现在，他对自己的自适应膝盖非常满意，他用它走路、跑步、做各种健身运动。在微风轻拂的大路上，你会看到他挺拔的身影，充满了健康的活力，有谁能相信，他的半条腿不是自己的呢？

墨丘利脚

在所有仿生下肢当中，墨丘利脚要算是最先进的一种产品了。墨丘利，这是那个脚上长有翅膀的希腊神仙嘛，据说他由于跑得最快，因此成为了宙斯的信使。这种脚以他命名，想起来应该是很神奇的！事实也是如此。一名安装了这种脚的患者感觉自己找回了自己的双脚。

墨丘利脚主要包括两个弹簧：一个用于脚趾，另一个用于脚后跟。还有一个钨制的气缸，气缸里有一个减震器。这样使用者行走起来，从脚后跟到脚趾，然后抬腿的自然运动，和他们曾经有腿时的感觉非常相似。而且，这种脚使用的材料是一种叫做碳素纤维的复合材料，看起来简单，却非常结实耐磨，又不失弹性。这使得弹簧传动非常平滑。即使是使用者要奔跑，感觉也会非常自然。

为了制造这种仿真的“脚”，设计者们可谓费尽心机，辛苦至极，而且极尽高科技之能事。要知道，设计这种脚的计算机辅助设计系统，可是用来设计一级方程式赛车的系统呢。而且，除了碳素纤维外，其他材料的科技含量也非常高，如中空框架铝、制造气缸的钨等。如今，该产品的升级版墨丘利运动脚也被设计出来了，它不仅有一个扩大的脚后跟弹簧和脚趾弹簧，还有一个额外的减震弹簧。

人类经过数百万年的进化，才拥有了聪明的大脑、敏感的神经、灵巧的双手、结实的双腿……然而，在新技术的帮助下，以假乱真的仿生手，墨丘利脚等帮助多少残疾人迎来了自己生命的又一个春天。《终结者》和《星球大战》里人体与高科技硬件相结合的情景在科技的力量下走向现实了，这场由科技带来的进化革命，能创造出更多的神奇吗？我们拭目以待！

7. "虚拟人"在未来造福全人类

生命科学的焦点

人们说，21 世纪是生命科学的世纪。近 10 年来，从发达国家起步的"数字化虚拟人体"研究，正云集各路大军从不同方向攻关。著名未来学家托夫勒预言，生命科学领域的焦点是生物学中的遗传学课题。可以说，"数字化虚拟人体"研究是这个焦点中的焦点。

"数字化虚拟人体计划"是可视人体、数字化人体、虚拟人体 3 个项目的统称。这个计划的目标，是通过人体从微观到宏观结构与机能的数字化、可视化，进而完整地描述基因、蛋白质、细胞、组织以至器官的形态与功能，最终达到人体信息的整体精确模拟。

"数字化人体"总框架包含 VHP 数据集和辅助数据集（MRI、CT、PET、常规放射学和解剖学）、虚拟人体的层次、疾病和综合征的临床信息基础、相关的医学学科（胚胎学、人体解剖学、显微和亚显微解剖学、生理学、生物化学），以及不断扩展的工具和产品。在这项研究中，科学家将物理学（如组织的电和力学属性）与生物学（生理和生化信息）结合并构筑一个平台，观察人体对各种外界刺激（生理、生物化学乃至心理学）的反应。"虚拟人体计划"的研究成果，将使人体健康信息的储存发生根本性改变。

"虚拟人体"数字化逐浪

美国在"数字化虚拟人体计划"中显露出野心，即将"数字化虚拟人体计划"与"人类基因组计划"研究结果结合，力图保持未来 50 年美国在生物学、医学、军事等一系列领域的领先地位。

德、英、法等国也已经开始"数字化虚拟人体"研究，但侧重点不同。

英国侧重研究虚拟人模拟药物在人体中的作用机制。亚洲一些国家则积极开展基于亚洲黄种人的可视人体计划。日本 2001 年启动了为期 10 年的人体测量国家数据库建造计划，近来，日本京华医科大学利用 CT 和 MRI 影像技术建造了“日本可视人”。

作为东方人种的主要代表，我国“数字化虚拟人体”研究势在必行，并应参与国际合作和竞争，在世界“数字化虚拟人体”领域占据重要位置。

“虚拟中国人”计划

构造“虚拟人”的数据来源于自然人，因而“虚拟人”具有民族、区域等特征。

东方人的特点明显地与欧美人不同，而现在所用许多标准均引自欧美人数据，因而作为人口占全球总人口 1/4 的我国，建立具有中国人种特征的三维数字化人体模型，具有重要意义。另外，这项计划又是一项规模庞大而复杂的系统工程，它涉及新世纪众多学科的前沿技术，反映国家的综合实力，地位不容小觑。

2002 年 6 月，我国科学家提议国家正式立项“数字化虚拟人体”研究项目“虚拟中国人计划”。

“虚拟中国人”研究由 3 部分组成：虚拟解剖人、虚拟物理人和虚拟生理人。目前，该项目前期平台软件已经搭建成功，并开始在北京一些医院的辅助诊断及手术中付诸应用。下一步，我国科学家将选择具有中国人种代表性的样本采集数据，建立人体形态与功能信息资源库，形成具有中国人种特征，同样也具有东方人种特征的完整人体标准数据“数字化虚拟人体”。

“虚拟中国人”有着广泛的应用前景：可为医学研究、教学与临床提供形象而真实的模型，为疾病诊断、新药和新医疗手段的开发提供参考。科学家们对此评价甚高，认为这是一项与我国建造原子弹和氢弹一样具有划时代意义的基础研究工作。

“虚拟人”在未来

“虚拟人”研究是一项有持续开发应用价值的新领域。

举例来说，在医学应用上，血管系统显示有重大意义，特别是外科手术虚拟时更为突出。世界上一些国家在对虚拟人进行图像分隔时只能看到骨骼、肌肉和脏器，而无法分清动脉和静脉的血管。医学家发明一项新技术，通过给尸体动脉灌注明胶、朱砂和淀粉，使动脉呈现红色，使之很容易和静脉区分，心脏冠状动脉可显示到3级血管，肾脏可显示到4级血管。头部血管切片中能见到头皮的微小血管及头发毛囊。血管与人体其他组织被切削后的数据同时储存进电脑，电脑容易“认出”不同颜色的动脉、静脉。如果在虚拟人身上做手术，医生就可以清楚地分出动脉、静脉血管，对手术有重要指导意义。

“数字化虚拟人体”还可广泛用于生物、航空、汽车、建筑、服装、家具、国防等领域。例如，开发人体的模拟替身，应用于车辆安全、环境暴露以及极端环境下的效果等。今后，培训宇航员也可利用“数字化虚拟人体”系统。只要输入候选宇航员的生理数据，将其置于太空环境中就能知道这名候选宇航员会产生的太空反应。

8. 有关血型的歪理邪说

生命的载体

每个人的生命都只有一次。维系宝贵生命的是人体内的各个器官。在这些器官当中，血液可以称得上是生命的载体，没有血液在体内的循环，新陈代谢就不能进行，输送血液的机器——心脏一旦停止跳动，生命也就终结了。人生了病，一般都要验血，因为血液中可以查出病变的信息。人一旦失血过多，生命垂危，就要抓紧输血，把血补足。

自从血液之于生命的重要性被发现之后，人类就开始通过输血这一最简单且直接的方式来做医治病患、挽救生命的尝试。但是，在过去科学还不发达的年代，医生们对血液的各种知识并没有充分的了解。他们以为失血过多，只要把新鲜的血液输入就可以了，而并不讲求血液的来源及种类。于是，遇到病人需要输血，医生们便随便把别人的血输过去，最后就出现了有时候有效，有时候却使病人突然死亡的迥异结果。这引起了医学家、病理学家们的思考，究竟是什么原因导致了这截然不同的结果呢？

多种类型

1902年，奥地利的病理学家兰特斯坦纳，通过无数次试验，终于发现血液是有不同类型的，而且不同类型的血是不能随便混合的。他发现血液分为O型、A型、B型和AB型。在输血时，O型、A型、B型都可以输给AB型，但AB型是只能输给AB型而不能输给别的血型；O型可以输给A型和B型，但A型和B型却不能输给O型；而O型血只能接受O型血。

我们可以做一个通俗的比喻来清楚地说明血型和输血的关系：O型血可以给任何血型的人输血，所以把O型血比喻为是最大公无私的；而AB型血只能给AB型的人输血，同时又可以接受任何血型的血，所以把AB型血比喻为是最自私自利的。当然，这只不过是在输血问题上对血液类型的比喻，绝不是说O型血的人的性格是最大公无私的，AB型血的人的性格是最自私自利的。

歪曲理论

在任何研究领域，迷信似乎总是跟科学如影随形。血型的秘密被科学揭开之后，一些没有科学知识的人，就开始把上面那个通俗的比喻加以描写，并以讹传讹，于是就有了《血型与性格》、《血型与命运》、《血型与爱情》之类的小册子出现，这实际上是一种新的迷信，是一种毫无根据的牵强附会。

血型基本是终身不会改变的（虽然发现有人在重病后、骨髓移植后血型发生了变化，但那是极个别的例子），如果血型真的能决定你的终身命运、性格和爱情，那你就不必努力向上了，只要你找个好血型、确定个好的出生日期就行了，因为一切都是命中注定了，你就不必为你的抱负和理想去努力了，一切听天由命。这是非常不现实的，自然也是脱离科学解释的。

这套由日本兴起的歪理邪说，在日本已造成广泛的社会危害，受到科学和社会的谴责。因为，有的公司和企事业单位在用人时，不是根据人的德才学识，而是根据是什么血型来取人；再有就是交朋友、谈恋爱也要看血型，一看血型不对，立刻就吹！真是咄咄怪事。这些歪理邪说最近也传到我们的身边，我们千万不要相信这些不科学的歪理邪说，一定要摆脱血型决定一切的宿命论枷锁的束缚。

科学面对

2500 多年前，古希腊的医圣希波克利图曾经研究过人的气质，他把人的气质分为四类：胆汁质、多血质、黏液质和抑郁质，这就是我们通常所讲的豪放型、乐观型、沉默型和内向型。希波克利图曾认为人的气质可能与人的体液有关。2000 多年后，当人们发现了血型的区别后，有些人就试图把人的气质用血型来解释。但科学的统计结果却让这些人大失所望。的确，血型是和父母遗传相关的，即所谓“血缘关系”，但性格则是不能遗传的。如果说子女与父母在性格上的相似，那也是后天的影响。有研究认为：人的气质与不同的激素在血液中的浓度有关。

个人性格的形成有多方面原因包含其中。生理方面的部分原因，我们要等待 21 世纪生命科学的进一步发展来解决。可以肯定的是，在科学结果尚未出炉之前，有关血型的歪理邪说还会流传下去，我们要做的就是抱着科学的态度来理性地面对。

9. 让人类又爱又怕的转基因

基因重组的产物

毫无疑问，生物工程的兴起和发展是20世纪生命科学领域最伟大的事件。转基因是通过生物技术，将某个基因从生物中分离出来，然后植入另一种生物体内，从而创造一种新的人工生物。

通俗地讲，转基因食品是为了提高农产品营养价值，更快、更高效地生产食品，科学家们应用转基因的方法，改变生物的遗传信息，拼组新基因，使今后的农作物具有高营养、耐贮藏、抗病虫和抗除草剂的能力，不断生产新的转基因食品。例如，科学家认为北极鱼体内某个基因有防冻作用，于是将它抽出，再植入番茄之内，制造新品种的耐寒番茄就是一种转基因生物。含有转基因生物成分的食品就是转基因食品。

目前，转基因作物正在按照人们的意愿被“重新设计”。有人预言，21世纪将是转基因作物的一个转换期，科技含量将有很大的提高。但是如何评价转基因食品的安全问题和营养学问题，是摆在我们面前的难题和挑战。

潜在的威胁

转基因食品是利用新技术创造的产品，也是一种新生事物，人们自然对食用转基因食品的安全性有疑问。

从科学的角度分析，因为转基因生物具有外来的基因，所以对大自然生态系统来说是全新品种，若释放到环境，存在改变物种间的竞争关系，破坏原有自然生态平衡，导致物种灭绝和生物多样性丧失的威胁。另外，转基因生物会在自然界中自我繁殖，并和其近亲品种杂交，从而使得外来基因在自然中以不可控制方式传播，造成不可挽回的基因污染。

两种声音

有关转基因存在潜在威胁性的问题最早是由英国的阿伯丁罗特研究所

的普庇泰教授提出来的。1998年，他在研究中发现，幼鼠食用转基因土豆后，会使内脏和免疫系统受损。这引起了科学界的极大关注。随即，英国皇家学会对这份报告进行了审查，于1999年5月宣布此项研究“充满漏洞”。1999年英国的权威科学杂志《自然》刊登了美国康乃尔大学教授约翰·罗西的一篇论文，指出蝴蝶幼虫等田间益虫吃了撒有某种转基因玉米花粉的菜叶后会发育不良，死亡率特别高。目前尚有一些证据指出转基因食品潜在的危险。但更多的科学家的试验表明转基因食品是安全的。赞同这个观点的科学家主要有以下几个理由：首先，科学家们都抱有很严谨的治学态度，任何一种转基因食品在上市之前都进行了大量的科学试验，而国家和政府也有相关的法律法规进行约束。另外，传统的作物在种植的时候农民会使用农药来保证质量，而有些抗病虫的转基因食品无须喷洒农药。并且，一种食品会不会造成中毒主要是看它在人体内有没有受体和能不能被代谢掉，转化的基因是经过筛选的、作用明确的，所以转基因成分不会在人体内积累，也就不会有害。比如说，我们培育的一种抗虫玉米，向玉米中转入的是一种来自于苏云金杆菌的基因，它仅能导致鳞翅目昆虫死亡，因为只有鳞翅目昆虫有这种基因编码的蛋白质的特异受体，而人类及其他的动物、昆虫均没有这样的受体，所以无毒害作用。

生态环境惹担忧

转基因作物的环境危害远远大于食品本身的危害，因为它直接改变了生态环境，所以更应该引起重视。核心问题是转基因作物释放到田间后，是否会将插入的基因漂移到野生植物中或传统植物中，是否会破坏自然生态环境，打破原有生物种群的动态平衡等问题。

应用转基因技术生产的食品，因为使用了特殊的现代分子生物学技术，从而产生了转入遗传物质后的食品是否安全的问题。由于插入基因后所产生的终产物或许是迄今为止人类没有充分认识到的新的产物，如致癌物、激素、过敏原等。

规范管理是关键

转基因食品的很多相关问题都还没有定论，我们能做的就是抱着审慎的态度对待它。

我国是转基因作物研究的大国，国家非常重视转基因作物和转基因产品的管理。1993年，国家科委颁布实施了《基因工程安全管理办法》。2002年4月国家卫生部颁布了《转基因食品卫生管理办法》，并将于今年的7月1日开始实施。我国实施的上述管理办法，引起世界各国的普遍关注。可以预见生物安全相关法律法规的实施必将对世界经济、社会和环境保护产生巨大影响。

10. 爱美人士的秘密——“毒针”

美容法宝

长生不老的法宝难找，人们就把目光转移到了永葆青春容颜上面。最近几年，以美国上流社会、好莱坞为核心，各国的娱乐明星、爱美人士中间流传着这样一个热门法宝。据说用它能够去除皱纹，使皮肤紧致，人看起来更年轻。它就是大名鼎鼎的肉毒杆菌！

别看它名字听起来吓人，据说，用它来美容驻颜真的是有立竿见影的神奇疗效。那么到底是什么赋予肉毒杆菌这样的神奇魔力呢？

肉毒杆菌是一种致命病菌，在繁殖过程中分泌毒素，是毒性最强的蛋白质之一。军队常常将这种毒素用于生化武器。人们食入和吸收这种毒素后，神经系统就会遭到破坏，出现头晕、呼吸困难和肌肉乏力等症状。可这种让人望而生畏的东西怎么会用于美容呢？

魔力来源

正所谓“成也萧何败萧何”，科学家和美容学家正是看中了肉毒杆菌毒素能使肌肉暂时麻痹这一功效。医学界原先将该毒素用于治疗面部痉挛和其他肌肉运动紊乱症，用它来麻痹肌肉神经，以此达到停止肌肉痉挛的目的。可在治疗过程中，医生们发现它在消除皱纹方面有着异乎寻常的功能，其效果远远超过其他任何一种化妆品或整容术。因此，利用肉毒杆菌毒素消除皱纹的整容手术应运而生，并因疗效显著而在很短的时间内就风靡整个美国。

手术十分简单：将少量稀释过的肉毒杆菌毒素注入人体，毒素将在 24 至 48 小时内发挥作用，使面部肌肉暂时麻痹和停止收缩，从而达到拉紧面部皮肤，消除面部皱纹的目的。但要想一直保持面部光滑无皱纹，只打一针是不够的，因为毒素将慢慢失去效用。人们需要每 4 个月左右到医院去打上一支“毒针”才能常葆青春。

大受欢迎

目前这种“毒素去皱”剂已经上市，由爱尔兰一家制药公司制造，取名为“Botox”和“Myobloc”。价格也很便宜：每剂 300 至 500 美元。

两种产品都以其简单廉宜而在全美受到热烈欢迎。据美国整容协会公布的数字，仅去年一年美国就售出 160 万剂“Botox”，销售额高达 3.09 亿美元，其受欢迎程度甚至超过了隆胸手术。据悉，好莱坞的许多明星已经广泛使用“Botox”去皱，其他爱美之人也开始尝试这种新型的去皱方式。

用美国整容协会会长马尔科姆·保罗的话说，“这真是注射行业的一项奇迹”。亚特兰大的皮肤科医生哈罗德·布罗迪也说：“这是对抗衰老行业的一个完美补充。”但他同时提醒人们，必须有专业的医生来进行手术，自己注射“Botox”针是十分危险的。

喝彩声淹没一切

与美容界的一片喝彩声正相反，美国食品和药品管理局一直对这种“用毒药来美容”的做法表示震惊和强烈反感。它指出，将“Botox”这种有毒物质注射人体是十分危险的。可随着人们对“Botox”去皱手术的日益热衷，美国食品和药品管理局也在考虑改变初衷，允许“Botox”用于美容。

11. 有了“透视眼”，医生做手术不用再拉大口子

给外科医生一双“透视眼”

传统的外科手术普遍利用核磁共振技术拍摄出患者患病部位的平面图，并以此作为手术的依据。现在，研究人员利用三维成像技术进一步提高了手术的安全性。三维成像近年来被广泛应用于各种外科手术中，成为大多数外科医生的宠儿。

从最早的仅用于辅助头部和颈部的手术，到如今的被广泛用于身体其他部位的手术，这全归功于它那“透视眼”般的特异功能。“透视眼”对于要求准确的外科手术实在是太重要了！

实际应用

伯纳德·金先生77岁了，那天他正在厄斯敦车站附近散步，腿一下就不听使唤了，于是他就靠在车站的一面墙上。他感觉自己的腿僵硬，脚也没有知觉。一只脚很热，而另一只冷得像块冰。这把身边的妻子多琳·金吓坏了，她也不知道发生了什么事情，丈夫的身体一直很好，面对这种情况她一点儿没有思想准备。无助中的她拨通了急救中心的电话。医护人员很快赶来。

原来伯纳德先生得的是动脉瘤，这是血管皮夹层里的一种肿瘤。人身

体的大动脉有着非常重要的功能，它负责将心脏泵出的血液输送到身体内部的比如脑部、眼睛和肠子等各个器官。动脉血管壁老化变薄，就会像气球一样鼓出来，这就是血管瘤。瘤了越大，血管壁就越薄。直到有一天瘤子突然破裂，情况严重的会导致死亡。

现在伯纳德需要做一个内窥镜手术来治疗致命的胃部动脉瘤。动脉手术顾问医生负责为伯纳德做手术。首先，他们利用三维成像技术制作出了伯纳德动脉瘤的三维计算机模型，这样他们能够更准确地掌握瘤子的大小及位置，这是做现代内窥镜手术必须了解的基本情况。根据图像，他们了解到伯纳德动脉瘤大概是个 9 厘米左右的凝块。

然后，他们开始对伯纳德腹部大动脉的动脉瘤做一个内桥血管修补手术。医生拿出一个据说是很关键的治疗装置，别看这个小小的东西不起眼，它可是肩负着歼灭动脉瘤的神圣使命的。医生们把它装到一个长管子里，他们将通过股动脉把这个管子插入患者身体，看起来他们是把股动脉当做地下运输系统了。

这个装置会沿着管子移动，到了动脉瘤的地方，他们就把它像伞一样使用，在目标处张开。

现在医生从伯纳德的下腹部找到左右两边的股动脉。手术部位就在左边的动脉那里。他们不需要更多的切口，只需要在两边的腹股沟处各做一个三四英寸长的切口就行了。然后把那个长长的管子插进去。

三维图像里，医生们能看到血管里发生的情况。长管子里的装置果然沿着伯纳德的股动脉移动到长有动脉瘤的位置了。张开后，这个装置就发挥作用了，它将减少动脉瘤位置的血液流量，最终使肿块缩小。好了，小球下来了，它变得越来越小。不多久，手术就结束了。医生们把动脉切口封闭。接下来他们打算做一个血管造影，检查一下血管伸展的情况，然后缝合伤口，手术就全部完成了。非常简单快捷，简直令人无法想象。

“透视”的优越性

在三维成像技术应用之前，传统的方法是做开放性手术，切开腹部，切口从患者的胸部一直到耻骨处。听起来就够让人害怕的。手术以后，患者还要在特护病房观察一段时间，一般是 7 ～ 10 天，接着还要在家里休养 3 个月。

而在三维技术的帮助下，像现在这样采用内窥镜手术进行治疗，患者的手术创口非常小。这样，患者能在最少痛苦的情况下，进行有关手术，术后也就不需要什么特别护理。77 岁高龄的伯纳德先生在医院住了 5 天后，就回家休养去了。他恢复得非常好，差不多每天都要散步，走上 2.5 里。在身心两方面他都感觉和没生病时一样好。

无限潜力

三维成像技术潜力无限，它能让我们看到通过其他任何一种技术都无法看到的东西。除了在外科手术中大展身手外，医生们还可以利用它制作虚拟的人，这样他们就可以更加深入地研究人体，比如观察血管，研究血管的内部构造了。想想看，在我们身体内部神秘活动的各个器官将活灵活现地在电脑里运动会是一件多么神奇的事情。毫无疑问，这种“透视眼”技术凭着自己的一技之长，必将在未来大展神通。

12. 致命病毒多起源于动物，然后传染给人

肆虐的流感

对于流感我们并不陌生，近年的禽流感给大家留下了深刻的印象，人类历史上也曾经暴发过多次大规模的流感。可是小小的感冒何以严重到夺人性命的程度?

流行性感冒是流感病毒引起的急性呼吸道感染，也是一种传染性强、

传播速度快的疾病。它主要通过空气中的飞沫、人与人之间的接触或与被污染物品的接触传播。典型的临床症状是：急起高热、全身疼痛、显著乏力和轻度呼吸道症状。一般秋冬季节是其高发期，所引起的并发症和死亡现象非常严重。

各种各样流感大肆传播的灾难让人们联想起科幻小说里描绘的情景：无法阻止的传染性疾病、全球化、气候变暖、病毒抗药性，等等，所有这些都为孕育一场“病毒大风暴”提供了完美的背景条件，而引起病毒大暴发的，或许是天花，或许是一种新的病原体，或许是我们尚不知道的、在我们还没来得及作出反应之前就已经导致数万人丧生的什么病毒。看来我们有必要从科学的角度来认识一下它们的幕后主使——流行病毒。

致命病毒的源头致命流行性传染病是自发地在人群中传播开来的？还是其他物种通过突变进行跨物种传播而让人类感染生病的？什么样的生态环境容易使病毒蔓延开来？我们能否在病毒露头之初或造成危害之前，控制住它们的传播和扩散？要回答这些问题，科学家必须找到致命病毒的源头。

我们也许可以在黄热病的传播史中去寻找答案（这种疾病至今仍在南美洲和非洲的一些地区流行）。黄热病起源于热带非洲猴子，通过蚊子叮咬感染当地人。后来，黄热病病毒随着贩卖非洲黑奴的船只到了南美洲，并通过蚊子叮咬被感染的奴隶，将病毒传给南美洲的猴子，再通过蚊子叮咬被感染的猴子，最终将病毒传给了南美洲人。委内瑞拉卫生部门至今都在密切关注当地的野生猴群，一旦发现猴子大批死亡，附近居民就必须立即接种预防疫苗，原因就在于猴子是黄热病的易感物种，是黄热病病毒的宿主，一旦猴群感染病毒，就有可能迅速传播给人类。历史上杀伤力极大的传染性疾病，几乎都是以与黄热病传播相同的模式——从动物到人类的跨物种传播——进行传播的。这些动物大多数是温血哺乳动物，也有少数是禽鸟类。物种之间的亲缘关系越近，越容易传播疾病。

动物传播病毒随着城市化的进程以及现代人生活方式的改变，人与宠物及其他哺乳动物之间的接触日益密切，这些动物宿主也就有更多的机会将病毒传染给人类。在热带非洲国家喀麦隆，为了研究病毒是如何跨物种传播的，研究人员分别采集当地的野生动物和猎人的血样进行对比分析，最后确认，一些寄居在动物宿主体内的微生物也出现在了猎人们的血样中，这使得猎人成为人类暴发传染性疾病的源头。这些猎人大多是在屠宰猴子等猎物时不慎割伤自己，从而感染病毒的。其实，我们每个人也都有可能在切洋葱时被刀割伤手，但区别在于，洋葱作为一种物种，与人类的亲缘关系相去甚远，与寄居在猴子体内的病毒相比，寄生在洋葱里的病毒在人体内“安营扎寨”的机会微乎其微。

预测下一次威胁

科学家猜测，下一次致命流行病的病原体有可能仍然是流感病毒或埃博拉的变异菌株，这两种病原体都能够在动物宿主中或周围环境中长期潜伏下来，都擅长变异出新的菌株，而且都具有很强的传播能力。因此，这两种在过去曾经严重威胁人类的生命健康的病原体，仍然有可能成为未来重要的流行性疾病。未来的流行性疾病还有可能来自肺结核菌。由于逐渐产生的抗药性，肺结核菌的新的突变体已经产生。肺结核菌主要在人类中传播，特别是那些免疫力较弱的人群。需要引起关注的还有一些通过性途径传播的疾病，这些传染病一旦传播开来，就很难得到控制，艾滋病的传播就是一个警示。同样，通过宠物传播的病原体也不容易得到控制。

警惕传染新途径

全球化趋势则使得病毒能够进行远距离的传播。病毒、昆虫媒介和人类受害者一起“长途旅行”到很远的地方，那些被认为只在热带地区传播的疾病只通过热带地区的带菌媒介传播。但科学家模拟实验表明，全球变暖将使疟疾这种热带疾病移向高纬度地区。现代生活方式和现代科学技术也促成了传染性疾病的快速传播：空调系统和水循环系统将军团病传播开来；工业化食品生产成为欧洲疯牛病传播的重要途径；静脉注射吸毒和输血感染成为艾滋病、乙肝病毒和丙肝病毒传播的途径。所有这些都表明，传染性疾病的防治需要辅以新的措施：疾病预测，即早期发现潜在的流行疾病，在传染病有机会感染当地高比例人群并扩散到世界各地之前就加以遏制和扑灭。

13. 能把所有知识都塞到自己的脑袋里的神奇装置

梦想有望成真

学生时代的孩子大都有过一个这样的梦想——把考试要用的知识全部装在一个微小的芯片上然后塞到自己的脑袋里，这样一来，再多的考试自己也能轻松应对了。

现在，机器具有人类智能，被植入人类大脑，实现人机一体不再只是停留在我们的想象之中了。美国一名未来学家和发明家的预言——预计到2029年，微型智能机器人可以植入人类的大脑。

美国微型机器人工程师雷·库日韦尔说：“我们将把微型智能机器人通过毛细血管植入我们的大脑，与我们的生物神经细胞直接交互作用，让我们更加聪明，记忆力更好，通过神经系统自动进入虚拟现实环境。”

摩尔的预言

30年前，英特尔公司合伙创办人之一摩尔曾经预言：一块集成电路上可以拥有的晶体管的数目，会随着晶体管体积的缩小，每18个月到24个月增长1倍。前不久，英特尔公司制造出0.03微米厚度的超迷你晶体管，这一成果表明，在未来的10年内半导体行业仍将按照摩尔定律发展。摩尔的预言对半导体产业的发展产生了重要的意义。30年来，半导体制造商一直设法以稳定的速度缩小晶体管的体积，让集成电路比先前更小而运算速度更快。特别是在个人电脑方面，几乎是每18个月到24个月就有更新、更快的电脑芯片问世。毫无疑问，越来越小的体积为电脑芯片植入人脑提供了必要条件。

电子与生物的结合

不久前，摩尔在展望未来一个世纪科学和技术发展前景时说："未来的世纪是生物科技突飞猛进的世纪，人类将能够把电脑芯片技术和生物科技结合起来……今天，人们使用同样的技术手段制造一些小电器、微型齿轮和微型马达等。人们可以用微米技术制造微型化学实验室。人们可以在半导体芯片上建造一个化学反应装置，在芯片内部建造一个结构，通过一个通道加以连接。"摩尔还说："将来在进行血液分析的时候，可以把一滴血滴在芯片上，在90秒钟之内，就可以得出各种化验指标。我对生物工程学的成就非常钦佩。在过去几十年来，我们看到了一系列令人难以置信的发展。生物工程学为我们打开各种各样可能性的大门。当然，生物工程的研究对某些人来说具有潜在的危险，但是，对我来说，这是改造世界的一个绝佳的机会。"摩尔在谈到半导体晶体管的体积会不会永远小下去，运算的速度会不会增加到极限的时候说，在未来的10年里，芯片的运算速度仍然会以每一年半到两年增加1倍的速度增长。但是摩尔承认，人类已经在开始运用原子材料制造一些物品，人类也许即将开始接触极限的概念。他说："目前，我可以看到下几代的微处理技术可以在未来的6年到10年内以同样的速度发展。但是，另一方面，我们开始接触真正的极限，其中有些极限是技术性的。生产超级微型化物体会变得越来越困难重重。我们在光学领域几乎穷尽了潜力，我们需要寻求其他材料来做到微型化。我们目前也接近原子物质的本质的极限。"

梦想成真

这是生物工程学和微电子学的结合的最新科学领域。而关于在人脑中植入芯片的具体研究与操作，英国雷丁大学的沃里克教授日前宣布，他将在明年夏天通过外科手术，把一个电脑芯片植入他的脑子中，并且让这个电脑芯片和他大脑的神经相连接。沃里克表示，这块芯片的主要部分是一个微处理器，上面有微型电池，有一个无线电发射器和接收装置，同时还有一个处理和存储的芯片。芯片和大脑内膜丰富的神经纤维末梢相连接。

虽然目前还不知道他的大脑对芯片的反应如何，但一旦试验取得成功，那将会对人工智能机器人的研究产生革命性的影响，甚至可能导致人类记忆可以移植。例如可以把整个牛津英汉词典、现代汉语词典的芯片植入人脑，在各种考试中拿高分甚至是满分将会变得轻而易举。

14. 基因是否有好坏之分

越来越多的疑问

近几年来人类基因组计划研究不断深入，对大多数普通人来说，透过人类基因组研究计划的进展，他们除了看到通过基因可以治疗疾病这一点，还有一个更直接的想法就是通过基因手段来改造自己，比如让自己更苗条一点、更漂亮一点、更聪明一点，甚至更高大、更魁梧些，有些父母也会希望按照一种理想的模式来生育孩子。于是“什么是正常的基因或有缺陷的基因？”“可以利用基因技术来改造我们自身吗？”“为什么要克隆人？为什么不能克隆人？” 这些相关问题越来越频繁地引起人们的关注。这些问题不是直接的科研问题，但却可能对伦理、法律和其他一些社会问题产生深远的影响。

遗传学家和生物学家们对这些问题回应说：“这种想法在技术上是做得到的，然而在效果上和伦理上是行不通的。人类基因组研究及其成果应用是为了更有效地预防和治疗疾病，而不是改良人种！”

不良认识

专家认为随着遗传学尤其是人类基因组研究的进展，“基因决定论”或者“遗传本质主义”有可能抬头。那将是非常可怕的！如果基因研究成果用于改良人种，无异于当年希特勒灭绝种族的“优生”。其实基因决定论就是纳粹“优生主义”的基础。

从客观科学的角度来说，虽然人的很多行为很大程度上是基于基因的，甚至所有疾病在一定意义上说都是基因病，但绝不能说人的一生完全是由基因决定的。人不仅是一堆基因，而且具有理性和情感，有目的、价值、信念、理想，具有在人际关系中生活的能力。人的成长及其人格的形成，都是基因和自然、社会环境长期复杂相互作用的结果，不是单单由基因决定的。“基因本质主义”和“基因决定论”都容易导致对人类权利和利益的侵犯。

基因分好坏？

基因的多样性决定了人类的所有基因都是有用的。人类只有一个基因组，基因绝对没有好坏之分，也没有正常基因组与疾病基因组之分。那些我们认为是“坏基因”的，都是我们人类身上不可缺少的。所以所谓的基因分好坏纯粹是无稽之谈！专家指出，由于有隐性基因和基因的自然突变，也就是说，即使目前医学诊断健康的人，也有可能携带致病、致残的隐性基因；再者，即使是完全健康的人的基因，也可能发生自然突变，这种突变的概率为3～5%，更不可能用技术手段保证社会没有残疾人。邱仁宗教授说：“谁都不能说残疾人是我们社会的累赘和包袱，这是我们人类在进化过程中所必须付出的代价，他们承担了全人类无法避免的痛苦，他们是为我们大家受的苦，不是他就是你我，大家都有可能轮到。而且有些残疾人在某些方面比正常人做得更好，作出的贡献更大，像著名天文学家霍金就是一个很好的例子。”因此我们应有这样的共识：残疾人和健康人有平等的伦理和法律地位，享有平等的权利，一个民族的成员之间和不同民族之间都是平等的，没有“优劣”之分。

认识仍需深入

事实上，目前我们对基因的认识还远远不够。人类从初等生物自然进化到人类，经过了几十万年。我们怎么能够仅凭对基因的初级认识就想到去优化人类自己呢？再者说，如果人都是按照一个模式——所谓的“好”基因构造出来的，失去个性的人还能称为人吗？

15. 陨石携裹着生命闯入地球

天外来客

一个火球从天而降，紧接着是隆隆的巨响。有经验的人大概猜得出是陨石来了。陨石以这种“轰动”的方式造访过世界各地。对于这个陨石，很早以前人们就有所描述，视它为神秘的天外来客。

那么这个天外来客缘何降落地球？原来，太阳系里一些高速运行的较大流星体或小行星，受到大行星的摄动，就会脱离原轨迹，闯入地球大气层并与地球大气摩擦，发生爆炸，燃烧未尽的残留部分坠落到地球表面上，这就是陨石。

可以说，陨石是太阳系最古老、最原始的天体物质，它的存在年龄与地球相当，在46亿年左右。而地球上现存的最古老的岩石只有38亿年，有近8亿年的地球演变过程人类从地球本身无法探知。这些降落到地球上的陨石，携带了原来天体的信息，人们希望能够从这些天外来客上面得到解答问题的线索。

通过对陨石中各种元素的同位素含量进行测定，可以推算出陨石的年龄，从而推算太阳系开始形成的时期。对陨石的研究，还可以了解关于人类文明的一些问题，甚至推测到地球生命的演变过程。

可能的关系

科学家相信，陨石能够帮人们解开人类文明研究中的种种困惑。一直以来，在科学界，关于生命的起源问题有很多种说法。其中有一种认为地球生命起源于天外，这种观点大多与天外来客——陨石有关。

陨石分为两类：球粒陨石和非球粒陨石。球粒陨石对研究生命起源有着比较重要的意义。因为它们只可能来自宇宙，不仅含有氨基酸，还有烃类、乙醇和其他可能形成保护原始细胞膜的脂肪族化合物。生物化学家曾经用默奇森陨石中得到的化合物制成了球形膜即小泡，这些小泡提供了氨基酸、核苷酸和其他有机化合物，及其进行生命开始所必需的转变环境。

另外，来自一次陨石撞击的热和冲击波可以在原始大气中激合成有机化合物的化学反应。而且，每一次巨型陨石撞击地球，形成巨大的陨石坑，都会影响地球环境，并进而影响地球生命。例如，大约35亿年前，曾经有巨大的陨石撞击地球，这一撞击可能曾掀起厚厚的碎石和灰尘组成的尘埃层，这个尘埃层覆盖了整个地球，陨石引起的巨大海浪荡涤了早期的地球大陆，对生命进化产生了影响。

研究者根据古代岩层证据推断，35亿年前，可能有数块陨石差不多同时撞击地球。陨石撞击时，地球上唯一的生物体是细菌。细菌可以在非常极端的环境中生存。因此细菌不会如恐龙一样因为行星的撞击而彻底灭绝，但撞击对地球生命的影响肯定是巨大而深远的。另外，澳大利亚西北部的一个巨型地坑可能是由2.5亿年前陨石撞击而成的，而当时正是地球生物一度大规模灭绝的时期。科学界的一种理论假设认为，当时陨石撞击地球扬起的灰尘挡住了阳光，并引发一系列连锁反应，从而导致地球生物大批灭绝。

研究还将继续

一切都还仅仅停留在理论假设阶段，地球生命究竟与陨石造访之间有没有直接关系仍是一个未解之谜。

但可以肯定的是，陨石是落到地球表面的流星体，是太阳系内小天体的珍贵标本，携带了很多关于原来星体的信息，还见证了地球的变化。因此，研究陨石对研究太阳系的起源和演化、生命起源提供了宝贵的线索。要想在未来揭开地球生命之谜我们还需要对陨石做更多更透彻的了解。

16. 死而复生的奇迹

新细胞注入“旧架子”

死而复生似乎只是科幻小说中的情节，而美国科学家在现实生活中就创造了这样的奇迹：

为了让从老鼠身上摘除的心脏恢复活力，科学家首先使用一种香波中使用的洗涤剂剥离掉旧的心脏细胞，只剩下胶原基质，通俗的说，它们就是一个由蛋白质组成的心脏支架。这些蛋白纤维组织能够保证细胞连接在一起，并且能保持器官的基本形状，随后科学家在里面植入新生老鼠的心脏细胞。研究人员之所以选择还未完全发育成熟的新生老鼠心脏细胞，是因为他们认为这些细胞可能最有效。

然后他们把心脏置于无菌实验室内培植。只是短短四天后，进行实验的心脏开始收缩。研究人员使用起搏器来调整它们的收缩，使这些心脏充满液体并增压来达到模拟血压的效果。到了第八天，在把心脏与电极连接在一起后，研究人员惊奇地发现，这些心脏恢复了有规律地跳动！跳动强度大约是成年老鼠心脏的百分之二。

这一激动人心的成果甚至让参与这个项目的科学家感到意外。

可解决器官短缺问题

他们成功利用“去细胞法”让死亡老鼠的心脏重新恢复跳动，制造出全球首个“生物人工心脏”。研究人员表示，如果这一成果可以用于人类器官移植，人们定制各种器官的梦想就能实现。

美国科学家利用“去细胞法”使一个来自死老鼠的心脏重新跳动。这是科学界首次令整个“生物人工心脏”起死回生。现在，他们正在利用这种方法进行猪心脏的复活试验，因为猪的心脏无论在大小和结构复杂程度，均与人类心脏最相似，比老鼠更接近人类。据悉，仅美国每年就有近 5 万人因等不到捐赠的心脏而死亡。假如利用胶原基质按需制造心脏的方法能够获得成功，并将这一突破性技术——心脏“复活术”成功应用于人类身上，意味着可创造出无限量的心脏及其他器官，甚至可用病人本身的细胞培植可供移植的器官，器官移植技术的历史或许从此改写，器官就不再是“一货难求”，许多病人的生命也将得以挽救。它可以为目前全球 2200 万名有心脏衰竭危机的病人提供一种突破性疗法，全世界数以百万计的心脏衰竭患者将有希望获得新生。

改善仍在继续

研究人员目前正着手改善“生物人工心脏”的功能，他们已将这些新心脏移植到老鼠体内，并把心脏连接到它们的主动脉，以观察这些老鼠是否能成功存活下来。

一些科学家对这项突破性技术表示欢迎。曾经成功地在老鼠体内培育出人体心肌的澳大利亚科学家韦恩·莫里森说：“这些研究人员制造出的心脏无论在外形、构造上都和真正的心脏一样，而且，最令人惊喜的是，他们没有丢弃原有的血管结构。”

再生器官的开端

进行这项研究的科学家表示，他们已准备好利用病人本身的干细胞，为他们培植出可供移植的心脏，通过这种方式培育出的器官几乎没有排异的风险。

“去细胞”这一方法可用来培植“任何有血液供应的器官”，它可以用来制造任何器官，肝、肾、肺、胰腺等任何你说得出的人体器官，科学家们都有希望为有需求者制造出来。

由于培育首颗“老鼠人工心脏”的干细胞来自于100只幼鼠的未发育完全的心脏，如果这项技术要应用到人类身上，就必须要有足够的干细胞作为“原料”。而在干细胞研究界的一大突破——科学家利用人体皮肤细胞改造成干细胞，可能会为这项新技术提供支持。

科学家说：“虽然这只是制造人工心脏的第一步，还需要进一步的研究，但这项技术无疑是一个让人振奋的突破。”

我们也有理由相信，这仅仅是人工器官制造的开始。随着研究的深入，利用无排异再生器官延续患者的生命将不再是梦。

17. 病毒不都是坏家伙，有的还很“可爱”

病毒攻击致病细菌

病毒是一类个体微小，无完整细胞结构，含单一核酸（DNA或RNA）型，必须在活细胞内寄生并复制的非细胞型微生物。过去人们把病毒最基本的功能视为致病，在今天看来，这其实是一种不完全的看法。

实际上，病毒不仅攻击人类，它们还攻击细菌，这类病毒叫做“噬菌体”。近年来，科学家致力于使用噬菌体来消灭致病细菌，以达到抗菌的作用。2008年，美国食品与药物管理局就通过了一项噬菌体喷雾剂的推广使用，这种喷雾剂就是将瓶中的噬菌体喷到食物上，以减少致病细菌。

病毒残余助人类繁衍

多数人不知道的是，导致疾病的病菌很多只是在暴发感染的极短时间内在人体内短暂地生存，其他少量的病毒变体则能在人体内待较长时间。这些病菌并不引起症状，它们可以随着宿主一道进化。例如，一些病毒被称为内源性逆转录病毒（ERV），它们在进化中与哺乳动物细胞形成了非常亲密的关系，并成为高级哺乳动物 DNA 中的组成部分。

这些 ERV 在很古老的时候就进入哺乳动物的染色体，如今 ERV 基因已成为高级哺乳动物染色体（DNA）中的基因组成部分。一些生物学家认为，它们在胎盘组织中起到了高水平的开关转化作用，从而适当地帮助了胎盘的功能。

另外，研究人员证明 ERV 基因能调节或控制胎盘的形成，于是推论这种病毒基因在进化的过程中也许同样有通过调节胎盘的功能而阻止母亲的免疫系统排斥胎儿。当没有外来因素（病毒）阻止 ERV 基因起作用时，ERV 基因就能保证胎盘的形成，从而让受精卵植入，同时能防止母体的免疫系统排斥胚胎。当然这也只是一种假说，还需要更多的研究来证明。

病毒帮助免疫力进化

人类疾病的产生和发展早就使人们认识到，细菌、病毒和寄生虫可以通过基因的联系改变人类的进化。疟疾是疟原虫引起的，但是人类在抵御疟疾时通过基因产生了对这一疾病的抵抗力，使得一些疟疾病人能存活较长时间。在一些发展中国家，在没有有效的药物治疗情况下，一些病人通过自身的基因变异，产生了较强的抵抗力，能正常存活到成年。

对艾滋病的研究更让人相信，人对艾滋病的抗御使得基因能发生变异，从而影响着生命的进程。人体内的一种叫做 MIP — IALPHA 的变异基因是感染艾滋病的关键，拥有这种变异基因的人不容易患艾滋病，例如斯堪的纳维亚地区有 13% 的人群从上一代那里获得了这种变异基因，因而他们很少患艾滋病。而一个人如果从双亲那里都获得了这种变异基因，那么他抵御艾滋病的能力将更强。

病毒基因推动人类进化

人和高级哺乳动物的 DNA 中含有一些病毒的基因，美国研究人员发现，在进化过程中人和脊椎动物直接从病毒那里获得了 100 多种基因。这是病毒输送自己的基因到人体和高级哺乳动物细胞内的结果。病毒的具体作用是在子宫中帮助建立胎盘，这对于维持人类和高级生物的生存繁衍和种群发展是至关重要的。所以这种基因输送极大地推动了人的细胞和高级生物的细胞的进化。

病毒的医学启示

目前，病毒可以在宿主细胞内自我复制的能力，使得它们成为基因治疗的新宠。科学家正在研究将病毒注入人体治疗癌症、遗传性等疾病。利用病毒能在宿主细胞内自我复制这一特性，也许要不了多久，像帕金森病这样的因基因缺陷引起的疾病就可以通过这种方式得到治愈。具体做法是，将患者需要修复的基因片断插入到病毒的基因内，然后用这种病毒去感染患者。这样，病毒就可以携带这些基因片断去修正患者的错误的基因序列，从而治愈疾病。

18. 什么原因拖住了猩猩进化成人的脚步

同祖不同今

人与猩猩有着共同的祖先，遗传研究揭示，黑猩猩、波诺波猿（过去叫倭黑猩猩）和大猩猩非常相似，尤其是黑猩猩与人类的基因差异不过 1.6%。但时至今日，人成为人，猩猩却还是猩猩。这个结果令人惊异——

如此细微的基因差异为什么会导致截然不同的结果呢？这一疑问堪称是科学史上最大的奥秘之一。一定有什么原因拖住了猩猩继续向前进化的脚步，但究竟是什么原因呢？深入观察研究猩猩，或许能帮助我们找到答案。

猩猩类人特性明显

曾有科学家用摄像机记录下了一组镜头：一头雌猩猩将一根树枝折断，用嘴啃咬树枝的一端，直到使它变尖。随后，黑猩猩手拿自制“长矛”走近一个树洞，用“长矛”往树洞里一伸一缩，每次缩回时它都要闻一闻或舔一舔。它的目的很明显：猎食白天在树洞里睡觉的夜猴（也叫丛猴，是一种在夜晚活动的非洲小灵长类动物，是黑猩猩最喜捕食的小动物）。这是一个非人类物种懂得制作工具的里程碑式的发现。

科学家还发现，黑猩猩具有模仿能力，幼黑猩猩会非常专注地观察父母的行为，慢慢习得父母的行为。心理学家做了一个实验：在一个专门为黑猩猩设计的自动贩卖机里面放上葡萄，黑猩猩如果想要获得葡萄，就必须先转动按钮，让葡萄从小孔里掉下来，然后再按下手柄将门打开，这样才能拿到葡萄。在美味的诱惑下，猩猩学会了这两个步骤。接下来，让几个黑猩猩同伴和这只黑猩猩同住，不久，这一技能就在几头黑猩猩中传播开来了。日本研究人员拍摄了这样一组镜头：母亲用手触摸孩子的额头，似乎在确定它是不是发烧了。在孩子生病的日子里，母亲一直守候在孩子的身边悉心照顾。后来，这头幼黑猩猩病死了，在长达几周的时间里，母亲一直背着孩子的尸体不放。这是为什么？是悲痛欲绝？还是不相信孩子真的已经死去？科学家无法确定，但母亲所表现出来的真切情感却是无可否认的。英国动物学家通过观察，发现黑猩猩的情感与人类很相像，特别是母子间的那种难以割舍的亲情。他还观察到一队黑猩猩以集体之力抓捕非洲疣猴（也叫髯猴）的过程。显然，黑猩猩拥有协作能力，而协作是推动人类文化发展的一个重要的必不可少的因素。日本京都大学的实验证明，黑猩猩们有一定的数字能力。研究人员对一头名叫安伊的黑猩猩进行训练，让它学会触摸与实物数目相对应的数字。当安伊认识了 0 到 9 的数字之后，研究人员在屏幕上将 0 到 9 的数字搞乱，而安伊则很快就学会了通过触摸将这些数字按从小到大的顺序重新排列起来。科学家们研究发现，波诺波猿不仅在同类之间互相关怀，而且还会对别的物种示以关爱。在英国的一个动物园里，一只波诺波猿发现一只八哥不小心撞上玻璃晕倒在地后便走了过去，它小心地将这只八哥捧在手上，然后爬到笼子里最高的一棵树上，像放飞玩具飞机一样将八哥放飞。在社会性智力和同情心方面，波诺波猿似乎是其他许多动物难以企及的。

基因变异促成人脑发育

遗传学家宣布成功绘制了黑猩猩基因组序列草图，得以首次对人类和黑猩猩的 DNA 进行比较。不久后，由德国莱比锡马克斯－普朗克进化人类学研究所的分子遗传学家史旺特·帕伯领导的一个研究小组，将宣布一个更惊人的成就：对尼安德特人的重要基因组片断的测序。尼安德特人（原始人类）与人类的亲缘性比黑猩猩更亲近。

有关基因复制如何帮助我们远离猿猴的一个惊人发现，是由丹佛科罗拉多大学的詹姆斯·塞克拉领导的一个研究小组，在大脑区域发现了一种名为 DUF1220 的基因。人类携带的 DUF1220 数量最多，非洲类人猿就少得多，而猩猩和旧世界猴更少。

另一个发现是，搜寻人类、黑猩猩和其他脊椎动物经历剧烈变化的基因组片断。最终发现了 49 个不连续的人类加速区（HARS），这是在人类大脑进化过程中起作用的一种基因。从黑猩猩进化到人类，在此过程中发生的最剧烈变异被称为 HAR1，它是控制胎儿在妊娠期第 7 周到第 19 周大脑发育的一种基因的一部分。

事实上，我们目前所知道的还十分有限。或许正如科学家不断提醒我们的那样，进化是一种随机进程：偶然的基因改变与随机的环境条件相互作用，造就了比其同类更适合的生物体。人类的进化与诞生大抵就是如此吧！

19. 隔着大西洋医生照样给病人做手术

外科医生的“千里臂膀”

机器人给人做手术听起来好像是天方夜谭，但这项技术无疑是外科手术史上的重大突破。

我们都知道，外科医生的地位无与伦比。他们接受了几十年严格的训练，能妙手回春，起死回生。每天，成千上万的患者把自己的生命托付给他们。

然而，随着手术机器人的出现，外科医生这个职业发生了巨大的变化。它能使外科医生长出“千里臂膀”，来穿越整个大西洋给患者做手术；它能给外科医生升级，使一个普通大夫做出来的手术可以与最有经验的大夫做出来的相媲美。但是，除了给外科医生们锦上添花外，它也给他们以严峻的挑战，说不准将来的某一天，外科医生的位置将会拱手让给机器人来坐呢！

轻而易举显神通

2001 年 6 月，“林德伯格手术”震撼了医学界，手术的实施堪称医学史的一场革命。手术本身其实很简单：施行胆囊摘除。不同凡响的是，站在手术台前执行手术的外科医生是“宙斯”机器人，他真正的指挥操作者是远在大西洋彼岸的外科医生雅克・马雷斯科。

“宙斯”通过光缆同纽约的计算机控制台相连，雅克・马雷斯科在纽约看着电视屏幕，通过计算机控制台遥控着宙斯进行手术。宙斯首先把一根装有微型光纤摄像头的腹部显微管导入患者的腹部，然后用解剖刀和镊子摘除了病变的胆囊组织，整个手术过程只有 54 分钟。患者在手术后 48 个小时恢复排液，而且没有任何并发症。

这史上第一的远程手术迅速成为报纸的头条新闻。1927 年，美国飞行家查尔斯・林德伯格完成了只身飞越大西洋的壮举，而这次由机器人实施的跨洋手术，同样也是史无前例的壮举。因此，医学界都把这次手术命名为“林德伯格手术”。

外科手术的高精密之路

这个具有开拓性的手术之所以能成功，与高精密的遥控外科手术机器人的帮助密不可分。

早期的外科手术非常原始，几乎没有麻醉，患者们忍受着极大的痛苦，有的人痛得受不了，需要好几个人才能按住患者挣扎扭动的身躯，以便让手术继续进行下去，不少人痛得晕了过去，甚至不乏痛死的例子。

那时的手术室通常就是普通房间，手术床也是人们睡觉的床，有时候甚至就是一块木板，一张桌子；没有任何消毒设备；没有今天手术专用的无影灯；地上往往铺着一层锯木屑用来收集血液。

手术器械也相当简单，一把剪刀，一张铁镰，放在开水里煮煮就是手术刀了。不仅医生们操作起来不方便，而且手术时的创口开得很大，极其容易感染，术后患者往往要卧床休养很久才能恢复过来。

随着机械工具和电动设备的出现，手术逐渐发生了变革。20 世纪 80 年代发明的内窥镜外科手术，是人类追求外科手术精确性的一次飞跃。在内窥镜手术中，医生们不必像过去做开放性手术那样，要把双手伸进患者的腹部进行操作，而只要把一台摄像机和两个手术器械放入患者腹部就可以了。这样患者身上不必开很大的切口，避免了大切口容易引起的术后问题。但是内窥镜手术也限制了医生手术动作的灵活性，因为他们不能像从前那样在患者体内用手和手腕自如地操纵手术器械了，而且这类手术器械的端头非常不灵活，只能开或闭。另外，在内窥镜手术时代，摄像系统提供的是平面图像，而三维图像对外科手术非常重要，在从事缝针打结和解剖之类精确度要求极高的操作时更是如此。

机器人完美手术

手术机器人的出现改变了这一切。与传统内窥镜手术不同，外科手术机器人可以提供三维立体图像，更有利于提高手术的精确度。那些看起来很僵硬的机器人手臂端头其实比人的纤纤玉指还要灵活。它们可以做 6 种不同角度的运动。医生在操纵机器人做手术时，会觉得是自己的手在患者腹腔中灵活操作。手术的创口也变得越来越小，自身就能愈合，甚至都不需要缝针。

机器人可以得心应手地做外科医生所做的各种事情，事实上在某些方面它比医生做得更好。众所周知，无论多么好的外科医生在施行手术时，时间一长，难免会出现疲倦和手腕颤抖的现象。相比之下，由计算机控制的“机器人外科医生”却能任劳任怨，准确精细地完成长时间的大手术，也绝不会出现因身体、情绪因素而影响手术质量的问题。它还可以帮助医生解决和完善手术中的技术性问题，使手术更趋于完美。

20. 太空医学呼之欲出

太空中的各种健康威胁

在现代科技的支持下，人类离太空的距离越来越近。科学家们在太空中进行了各种各样的尝试，太空育种、太空制药……相比之下，人们尤其是宇航员对太空医学的需求似乎更为直接。

在地球上，人体为了适应重力的作用，肌肉与骨骼都起到了支撑身体的作用。但在失重条件下，肌肉和骨骼就会认为不用再发挥地球上的支撑作用了。因此，肌肉萎缩与骨质流失（主要是钙质的流失）变得不可避免。所以失重就成为了目前宇航员在太阳系飞行遇到的最大生理问题。另外，在失重条件下，人体的血液循环功能也受到影响，这导致宇航员的脑部供血不足，头昏眼花；失重还会对人体的平衡系统造成影响。在地球上，人们判别方位非常方便，但是在太空，这种“本体感受”功能变得非常迟钝。

针对这些情况，太空科学家采取的措施是让宇航员进行简单的身体训练和药物治疗。在国际空间站上生活的宇航员，每天要抽出两个小时进行走路或跑步训练，以保持肌肉的力量。科学家还发明了一种很简单的练习器材，把两根有弹性的绳子分别固定在太空舱的一侧，宇航员则把绳子另一端套在肩上，然后做蹲起运动锻炼骨骼。但是，这些方法对于短期的太空生活有用，针对长时间进行太空旅行的宇航员我们还是没有良策。

辐射是太空生活所面临的另一个重要的问题。现在能采取的只是尽量减少宇航员受辐射的时间。但有时宇航员不得不在太空中连续生活几个月；而且，外层空间的辐射要比在近地轨道严重得多。所以，航天器包括宇航服必须尽可能吸收和屏蔽宇宙射线。氢是阻断高能宇宙射线的最好材料，美国宇航局正在寻找一种含有高浓度氢的材料，但要想完全阻断宇宙射线，防护层必须有几米厚，这对航天器或者宇航服来说是不可能的。太空学家们仍在寻找更好的材料和解决问题的方案。

疾病是不可预期的，尤其是在漫长的太空旅行中，宇航员存在较高的生病风险。太空旅行中，如果宇航员患病返回地球医治显然是不现实的，所以一旦宇航员生病，其治疗只能取决于旅行者的医务水平以及所携带的医疗器械。更便利、更安全、更有利于保证宇航员健康的方法仍在试验研究中。

太空医学摸索中前行

为了解决太空旅行中面临的种种危险，人们正在想尽各种办法。例如，在航天器内制造人工重力，减轻失重效应；多运动或注射某种激素，以防止骨损失。

但对于远离地球的宇航员们来说，首先需要的是一种便于在太空中使用的检测设备，及时发现病情，尽早治疗。美国研究人员已经制造出了一种由聚合材料做成的圆球检测器。这些直径只有 3 纳米的圆球可自动穿过人体细胞膜，附着在 DNA 上，使细胞发出绿光。一旦技术成熟了，这些圆球可使病态细胞自动发光，或发出可被微型核磁共振成像仪接收的信号。

远程诊断技术也在酝酿当中。它可使太空医生和地球上的医疗专家进行沟通，太空医生可以把患者的病情，传给地球上专家进行会诊。诊断后的信息再反馈给太空医生，医生可以根据会诊的结果对患者采取相应的治疗。这不失为一种比较可行的太空治疗方法。

科学家还设想了一种可以制造药品的装置，当宇航员需要药品时，这种装置可以马上制造所需的药品。当然，这种装置还可以解决另外一个问题，比如地球上又研制出新的抗生素了。这时宇航员只要通过下载制造药品的相关软件，掌握制造药品的方法，就可以在太空中制造新药了。

在太空中做手术是太空医学的更大目标。美国宇航局和瑞士内部固定研究会正在研制一种基于计算机的外科手术模拟器，用来训练那些将前往火星或从事其他太空旅行的医生和宇航员，使他们拥有精湛的外科技艺。万一宇航员在进行太空行走或其他活动时发生骨折，或遇到其他需要做外科手术的事情，他们可以在太空中自己解决而无须返回地球。

二、空间科学

21. 揭开金星的秘密

初识金星

20 世纪 60 年代以来，人类先后向金星发射了 30 个航天器。2005 年，欧洲向金星发射首枚空间探测器。人们试图揭开金星秘密的脚步越来越快了。

金星（Venus）是太阳系中八大行星之一，水星距离太阳最近，其次是金星，再次是地球。它是离地球最近的行星。中国古代称之为太白或太白金星。它有时黎明前出现在东方天空，被称为“启明”；有时黄昏后出现在西方天空，被称为“长庚”。金星是全天中除了太阳和月球之外，人类用肉眼能够看到的最为明亮的天体。论大小金星最像地球，是个典型的类地行星。它的半径为 6053 公里，略小于地球，其质量是地球质量的 81.5%，周围也有大气和云层，与地球十分相像。所不同的是，至今没有发现金星有天然卫星。

金星与其他八大行星不同的是，其自转方向与公转方向相反。它一方面在距离太阳 1.08 亿公里的椭圆形轨道上自西向东进行公转，运行一周仅需 224 个地球日；另一方面又以垂直于公转轨道面的自转轴为中心缓慢地自东向西进行自转，自转一周却需 243.2 个地球日。这种公转和自转的结果，使金星一昼夜正好为 116.8 个地球日。更令人惊讶的是，在金星上看到的太阳是西升东落的。

新的发现

科学家们通过分析航天器提供的探测资料，逐步对金星有了一些新的认识。

金星上浓密的大气层致使其表面空间出现了温室效应，其表面温度高达 480℃，成了太阳系中最热的行星，这是以二氧化碳为主要成分的金星大气造成的。二氧化碳气体白天可使阳光通过，照到金星表面，晚间又阻隔金星表面红外线向外辐射，无法对外进行热交换，结果使金星成为一个“大温室”，整个金星地表都处于高温、闷热、干燥的状态。

金星表面乱石纵横，其面积三分之二是丘陵高地，四分之一是洼地，很像地球大陆。表面物质几乎全是硅、铝、铁、镁、钙、钛、钾、锰等氧化物。表层下埋藏着钾、铀、钍等元素。科学家认为，金星的内部结构与地球相似，有一个半径为3100公里的铁－镍核心，外面主要是由硅化合物构成的壳。它的表面曾有海洋，但已全部蒸发。由于高温和无水，金星表面上没有生命。

金星的奇特大气 金星大气可分为下层、云层和上层三个层次。距星面50公里以下为下层，除有二氧化碳和水蒸气外，还有氟和氢氟酸。距星面50 ~ 100公里为浓密的云层，主要由硫酸液滴组成，还有少量盐酸、氢氟酸和氟硫酸等。在距星面60公里左右的云层中，自东向西刮着每秒80 ~ 110米的风，比地球上的台风要强得多。

美国两位科学家认为，在金星云层中可能存在微生物。他们对云层某一小水滴比较集中的区域进行分析后发现，这些区域并不存在一氧化碳，而只存在硫化氢和二氧化硫，这两种物质一般不能共存，除非存在其他物质。据此两位科学家提出，可能是金星云层中微生物将二者联系起来。

新一轮航天探测

多次探测实践表明，金星的浓密大气使航天器难以拍摄到清晰的照片，而金星表面的高温又使软着陆的探测器工作时间有限，故而收获不够理想。各航天大国只好另想招数。

俄罗斯最早提出要把一个超压塑料气球发射到距金星表面60公里云层进行漂浮的探测计划。在这一高度上的金星大气温度约为0℃，气压相当于地球海平面上的压力，气球可以浮空进行探测。

日本也提出一个类似的方案，即把一个金属气球发射到距金星表面40公里气层中漂浮的计划。由于此一高度上的金星大气温度为300℃，气压为地球海平面压力的20倍，金属气球既不会烧毁，又能浮空，故可开展探测活动。

科学研究还在继续，新一轮航天器对金星大气的进一步探测，将可能揭开金星云层中有无生命之谜，加深人类对金星温室效应起因的认识。我们期待着这会有助于解决地球气候变暖问题，并预测地球的未来发展。

22. 追踪火星生命

高度类地性

火星是太阳系的第四颗行星，具有与地球非常相近的特征：公转周期只有 1.9 回归年，同地球相差不大；自转周期即一天的变化同地球几乎相同：只比地球长 140 分钟，近 2.5 小时；火星划分 5 个带：中间的热带，温度在 20℃～80℃左右，南北的温带以及两端的极冠。几百年来，天文学家一直对火星探索尤其是火星生命的探索有着浓厚的兴趣。

生命痕迹似有似无

1903 年 5 月，美国天文学家洛威尔用望远镜观察火星，发现上面有许多深色的直线。他认为那是火星上的运河。既然有运河，当然就要有开凿和使用运河的“人”，于是“火星人”的说法轰动一时。

20 世纪 60 年代，观测仪器改进，人们发现所谓的“火星运河”不过是一些环形山和陨石坑的偶然排列。

10 万年前，曾有一颗来自火星的陨石坠落于地球的南极洲，遭到冰封。20 世纪 80 年代，这颗冰存了 10 万年之久的陨石终于被人类发现了。科学家公布了惊人的发现：这颗来自火星的陨石含有“可能是生命所留下的痕迹化石”，而这颗化石是 30 亿年前在火星上形成的，这一块因陨石运动而自火星表面喷射出来的岩石碎片中蕴含了过去微生物的生命迹象。这颗含有生命痕迹的火星陨石，使科学家们更加热切地去研究火星生命的存在与否。

1976年7月，在美国发射的火星探测器“海盗1号”传回地球的照片中，再次发生了令人惊异的情况。有一张照片上出现了一个类似人脸的巨大建筑。美国宇航局研究小组使用了最新的计算机处理技术对该照片进行分析，最后认定，该人脸形建筑是修筑在一个巨大的长方形台基上的，建筑物长2.6千米，宽2.3千米。它确实是个人脸型的建筑物，而不是由于光线投影关系造成的假相。

消息传出，举世哗然。有些人认为，现在火星上虽然荒凉，但在古代的火星上生存过与人类相似的有智慧的生物，这些建筑就是他们建造的。在距今5亿年前，火星上气候和现在地球上一样湿润，有丰富的水源。当时火星上的许多河流，现在仍可觅见遗迹。空气的成分也与地球相似。因此，当时的火星上很可能存在与地球人相似的生物。

另一些人认为，火星本身并没有智慧生物，这建筑也不是火星人所建，而是具有高度科学技术的外星系智慧生物所建。这些外星系智慧生物来到太阳系后，在一些行星上建立了他们的基地，火星就是他们的基地之一。

各种争论纷纷不休，最终的真相需要大量具有说服力的科学证据，所以人类还需要对星继续探索。

“跟踪水”跟踪生命

水是生命存在的重要条件之一，因而在各种关于火星的问题中，最为突出的就是：火星上液态水存在的可能性。

火星探测计划已经形成了一个“跟踪水”的战略。

1997年，“先锋”号火星探测器登陆火星，机器人漫游车“旅行者”可以脱离飞船母体。旅行者是探测器的高级防护装置，它在火星上漫游寻找生命。

日本1998年发射的“希望号”（NOZOMI）太空船也到达火星的外层空间，开始对火星的研究。

2003 年 6 月 2 日，“火星快车”发射升空。火星快车将向火星投放一系列探测装置。火星快车在到达火星之后释放一个名为“小猎犬 2 号”的登陆探测器，旋即将自己置于一个安全的极地轨道，以寻找地下水的痕迹并对火星大气和结构进行研究。

紧跟“火星快车”的尾迹，美国太空总署（NASA）先后于 2003 年 6 月 8 日和 6 月 25 日发射了两个“火星探测漫步者”（MER）探测器。这两个探测器将分别对各自的着陆地点开展研究，以期找到火星曾经是温暖、湿润并适合生命存在的证据。

探索还将继续

从对遥远星空的幻想，到天文观测，到发现生命的迹象，人类怀着对这颗美丽的行星的好奇与期待在不断探索着。如果我们能证明火星上有生命，就可以断定生命现象是宇宙的普遍存在，同时也就回答了那个古老的问题——人类是唯一的存在吗？当然，即便最后我们发现火星过去和现在都不存在生命，许多科学家仍相信火星上很快就会出现复杂的生命——人类。因为未来我们将到火星旅行，那时我们人类就成为了“火星生命”。

23. 火星旅行的呼吸与饮食

困难重重的旅行

利用载人航天飞船到火星上进行科学考察、旅游一直是人类的梦想之一。但是如果有一天此梦成真，抵达火星后的人类能否适应生存？在火星上又该吃些啥呢？随着火星探测的逐渐升温，火星旅游的相关问题也为人们津津乐道起来。

飞往火星单程一般需要半年左右的时间，长期处于微重力状态，会出现肌肉松弛或骨质变轻等太空综合征。而到达目的地后，旅游者面对的是一颗荒芜的星球，没有大气和水，也没有任何事物。而且环境相当恶劣，平均温度为零下 23℃，昼夜温差远大于地球，并且大气稀薄而干燥，这些都将是对人体的挑战。

但即使只是去火星上进行短期实地考察或旅行，想要自己携带空气和饮水也是比较困难的，如果想在火星上建立长期旅游、考察基地，就更不可能从地球上运送这些生命必需品了，唯一的办法是在火星上就地解决这些问题。因此，要想实现火星旅行，科学家首先得设计好就地解决人类火星生存问题的方法。

呼吸和饮水

自然资源科学家唐·萨多韦设想了利用火星土壤中的普通铁矿石产生氧气的技术。

由于火星地表到处都有富含氧化物的矿石，因此，不必钻深井就能得到这些矿物。萨多韦设计出一种用微型核反应堆作动力的冰箱大小的电化学电解槽，如果给矿石通上 450 安培的电流使其熔化并电解，就可以使金属混合物从装置的负电极分离出来，而装置的正电极则可以释放出氧气。一个人一天约需呼吸 2.75 公斤氧，而萨多韦设计的电解槽可以从 8 公斤矿石中提取出这些氧，唯一的副产品是铁的混合物。当然，萨多韦设计的电解槽还不能解决火星考察所需氧气的所有问题，因为氧必须与氮混合才能成为适于呼吸的空气。

化学家肯·德贝拉克则介绍了如何从火星上的黏土和矿物中提取饮用水的方法。

尽管美国航空航天局（NASA）宣布，在火星上发现了冰冻水，但怎样得到冰冻水则是另一回事。况且，在存在大量冰冻水的火星两极不适宜建立研究基地，而且，即使在火星上气候适宜的地区藏有冰冻水，通常也不适宜作为饮用水，因为这种冰冻水很可能太咸。

因此，德贝拉克认为，更好的办法是从火星土壤的黏土和矿石中提取化学合成水。具体方法是将收集的火星大气（含有95%的二氧化碳）加热到31℃以上，再对这些气体施加大于72个标准大气压的压力。在这种情况下，二氧化碳将处于“超临界状态”，这时的二氧化碳将成为非常有效的溶剂，从而可将黏土和矿石中的化学合成水分子分离出来，就像人们常常用这类溶剂分离咖啡中的咖啡因一样。

德贝拉克发现，“超临界状态”二氧化碳可以从水合物中提取8%的水，这虽然不算多，但方法简单有效。当二氧化碳压力降低到60个标准大气压时，水会凝结出来，这样得到的水相当干净，只是其中含有少量二氧化碳，而这正是人们经常利用的“碳酸气”，因此可以放心地饮用。

吃的问题

美国的一个研究小组为未来进行火星之旅的宇航员们拷贝了一份火星食谱，这份食谱包括的食物品种样样俱全。这些食物的原料都取自大豆、小麦、西红柿、胡萝卜和一些在火星环境下能在营养液中栽培的作物。不过所有食品全是素食，因为火星的引力只有地球的三分之一，因此，在火星上宇航员体内的血液中铁的含量要保持低水平。

科学家希望未来能在火星建立食品基地。首批火星旅游者到达火星后，将在星球表面建一个微生物分解池，把尿液和粪便分解成营养物质和水，用于灌溉庄稼。这些庄稼在拥有人造阳光和空气的温室中生长，成为旅游者未来的食物。

美国研究人员还称，经过基因改造的转基因浮萍适合在火星生长，而且将是火星旅游者的理想食物，因为每克浮萍比大豆拥有更多的蛋白质。此外，浮萍生长速度很快，一天的时间就能成倍生长。用这些特殊培植的浮萍可制成新鲜的糕点，有利于旅游者及时补充营养。

除了蔬菜和米麦，肉类也不可缺少。在火星上不能放养牲畜，如果航天员想吃肉排或腊肠，可以用牲畜或鱼类的肌肉细胞群培养出鲜肉。美国研究人员已展开实验，从金鱼身上取下新鲜的肌肉组织，放入营养液中进行培养。一星期后，肌肉组织的质量增加了14%。

目前，各国科学家都陆续开发出各种火星食物，相信在不久的将来，火星上的游客们可以吃好喝好呼吸好。

24. 超级望远镜问世

天文学发展的推手

天文望远镜是观测天体的重要手段，可以毫不夸大地说，没有望远镜的诞生和发展，就没有现代天文学。天文学家约克教授说：“世界天文学的发展已进入了全新阶段，以往科学家根据理论来预测哪儿会有新发现，而今天是用先进仪器来发现那儿究竟有什么。”正如他所说，科学家们发展望远镜的脚步从来没有停止过。

空间望远镜

上世纪20年代，埃德温·哈勃利用当时威力最大的胡克望远镜（Hooker）发现了银河系外的星系，找到宇宙膨胀的证据，并推测宇宙年龄约为130亿年。

1995年12月，以天文学家哈勃命名的美国太空望远镜用了10天的时间感光拍摄到远在宇宙边缘的星系图像，科学家猜测那应该是大爆炸后不久宇宙形象的冻结，而且用新仪器更精确地算出宇宙的年龄为137.3亿年。哈勃望远镜的观测还导致一个更重大的发现——一个黑洞潜伏在银河系中心，吞噬着恒星、星云和一切路过的物质。

毫无疑问，哈勃望远镜的惊人发现，有赖于它在宇宙空间的先天优越位置。地球大气对电磁波有较强的吸收能力，我们在地面上只能进行射电、可见光和部分红外波段的观测。空间观测设备与地面观测设备相比，有极大的优势：以光学望远镜为例，望远镜可以接收到很宽的波段，短波甚至可以延伸到 100 纳米。没有大气抖动后，分辨本领可以得到很大的提高，空间没有重力，仪器就不会因自重而变形。

可是研制、发射、维护大型空间望远镜，则意味着惊人的成本，目前只有美国等极少数国家可以做到。留给大多数人的选择，只能是在地面上多想出些新花样。

射电望远镜

天体除了发出可见光，还发出电磁波。与以接收可见光进行工作的光学望远镜不同，射电望远镜通过接收天体无线电波或主动发射电波并接收回波，来确定遥远天体的形状和面貌。世界上目前最大的单碟射电天文望远镜，是美国人建造在波多黎各岛上的阿雷西沃射电望远镜（Arecibo），直径 305 米。另一个奇景是位于美国新墨西哥州的甚大射电望远镜阵（VeryLargeAr — ray），由 27 台 25 米口径的射电电线呈 Y 形排列。它曾多次出现在《独立日》、《接触未来》等影片中。另外，微软公司共同创始人保罗・艾伦曾投资建造了 42 个每个直径 6 米的碟形天线，用于探索太空生命，这个望远镜组未来将扩大到 350 个，试图扫描 100 万个星系中可能由智能生物发出的无线电信号。看来人们对利用射电望远镜找到地外生命的信息，是寄予厚望。

从折射式望远镜到折反射式望远镜再到现代光学望远镜，望远镜的集光能力随着口径的增大而增强，望远镜的集光能力越强，就能够看到更暗更远的天体，这其实就是能够看到了更早期的宇宙。但这些都还不是尽头，天体物理的发展需要更大口径的望远镜。

超级望远镜诞生

一台横跨地球的巨大“虚拟望远镜”由几个国际天文学家小组制造出来，其“尺寸”和分辨能力都是目前世界上最大的。

这台“超级天文望远镜”由世界各地的多台射电望远镜和一台超级电脑组成。其构想是，将世界几大洲的射电望远镜收集到的遥远太空的射电信号汇总，然后以美国亚利桑那州的两台射电望远镜为基准，用一台专门制造的超级电脑与西班牙、芬兰和智利等其他天文台收集到的射电信号进行对比研究。

这台“超级天文望远镜”的工作原理是：不同地点的射电望远镜可同时对宇宙的同一区域进行探测，它们采集的射电信号存在一些差别，通过超级电脑对这些信号进行处理，可大大提高射电望远镜的分辨率，不同的望远镜之间的距离越远，最终的综合分辨率越高。

由于组成“超级望远镜”的各望远镜距离非常远，每台望远镜都具有很高的分辨率，因而这台“虚拟望远镜”具有比目前任何天文望远镜高得多的分辨能力。据介绍，“虚拟望远镜”的分辨能力是“哈勃”太空望远镜的 3000 倍，研究人员用它能观测喷射高能粒子流的活跃星系。

随着望远镜在各方面性能的改进和提高，天文学也正经历着巨大的飞跃，迅速推进着人类对宇宙的认识。借由这些神奇的“长枪短炮”，宇宙终究是离我们是越来越近了。

25. 登着梯子去太空

梦想之梯

遨游宇宙是人类的梦想。现在我们进入太空用的是化学火箭发射的宇宙飞船，正在试验的有太阳风帆。要想到太阳系外游览，还需加快飞船速度，核子火箭、光子火箭、电磁火箭、光帆都在试验和设想中。更离奇的处在幻想阶段的宇宙旅行方式还有量子超距传送。即将人体或物体分解成量子，利用神秘的量子远距效应，把原型量子的性质传送出去，瞬间即可到达目的地，再把这些量子合成人体或物体。

有了梦想，才有实现的可能。1978 年，英国著名科幻作家克拉克创作出了包揽星云、雨果两大科幻文学奖项的小说《天堂的喷泉》。他设想在地球赤道上空的一颗地球同步轨道卫星上向下伸展出一个梯子，由于同步卫星在天空中相对地面没有移动，所以人类可以乘坐电梯到达近地宇宙空间做观光旅游。

蓝图与实验

太空梯通常指的是从地球表面延伸到对地同步轨道的位置，形象地说，就是打造一条永久的“缆绳”。利用“弹弓效应”，太空梯可以帮助完成在太空进行的建造项目，同时也可用于发射卫星和太空旅行。

根据太空梯的设想，美国“飞向太空基金会”已经有了一个蓝图：将一个细长轻薄的带状提升系统拴在一个类似于船锚的平衡锤上，在地球轨道之外保持相对平衡。这个太空梯位于地球的底座要能够提供 20 吨的拉力拽住平衡锤。沿着带状提升系统上升的电动提升台被称作攀升者，它的动力来自太阳能板或者地面激光转化的电能。美国一家私营公司向修建太空梯这一远大目标迈出了一小步：他们成功地完成了机器爬升器试验。试验使用了一个直径 12 英尺（4 米）的气球，一个小组成员抓紧安全绳以防气球飞走，从气球上悬下来的绳子是用合成玻璃纤维制作，机器人升降机沿着绳子升降。试验那天，气球、合成绳和机器人这个“三合一”系统爬升了 1000 英尺，也就是 305 米。

这次试验被认为是为将来利用太空梯在地球与太空之间运送货物所进行的先驱性试验。

选用纳米材料

太空梯的制造材料是个难点。它必须要异常坚硬又异常轻巧，还要能抵抗任何腐蚀。好在 1991 年 NEC 公司的日本科学家饭岛住男发现了现在叫做纳米管的材料。

研究发现碳纳米管有意想不到的性质，它比钢坚硬 100 倍，重量却只有钢的五分之一。现在碳纳米管已经走出实验室，进入实用阶段。可用它制成合成物，这样至少在理论上已经解决了太空梯的材料问题。不过一位材料工程师认为目前还没有掌握大规模的生产太空梯所需要的合成物质的技术，现在正在进行将这种物质从实验室走向实用的工作。

如何建造

从理论上讲，太空梯并不神奇。科学家们设想，在地球赤道的海面上建造一个平台，先把一个携带太空梯半成品的飞船或航天飞机发射到和地球同步的静止卫星所在的轨道上，使其和地球同步飞行。把这个半成品的太空梯从飞船上放下来，落到在赤道海面上的平台上。把半成品的太空梯锚定在平台上。接着再用一个由激光束提供能量的爬升器在这个太空梯的半成品上上下移动把其他建造太空梯的缆绳拧在这个太空梯半成品上，进一步建造太空梯，这大约要用两年半的时间。这样，太空梯才最后建成。

由于飞船带动太空梯旋转所产生的离心力刚好抵消了地球的吸引力，太空梯便得到了一个向外的张力，它就从地球到太空竖直起来了。然后，用一个由激光提供能量的爬升器在缆绳上上下移动，运送飞船、建筑材料甚至乘客。

前路漫漫

建成后这个爬升器就可以沿着太空梯把物资、成吨重的卫星甚至人缓缓运送到离地面 36000 公里的近地轨道上，时间大约需要七天半左右，回来也大约需要这么长的时间。进一步还可以建造通向月球，甚至火星的行星际太空梯，到那时在太阳系里遨游就不是难事，而且价格低廉。目前估计需要几百美元运送一磅，将来争取实现用很少的美元就可以运送一磅物资。这样就可以解决当前困扰航天飞行的高昂的价格问题。

当然，太空梯要抵御的灾难也不少。闪电和风云雨雪的冲击，穿越电离层的考验，小行星、彗星、流星的奔袭，原子氧和高层大气中的硫酸对缆绳的侵蚀，和卫星、太空碎片的碰撞、碳纳米管对人类健康的影响等，这些问题都需要研究者加以考虑。

作为全球九个规模最大工程之一，虽说太空梯的建造还有许多难题没解决，但我们相信在不久的将来这一设想一定会成功。

26.“宇宙农园”让新鲜蔬菜绿遍太空

宇航员呼唤新鲜蔬菜

对宇航员来说，吃蔬菜是非常重要的。因为蔬菜中的抗氧化物质可以帮助宇航员对抗宇宙射线——太空旅行中的最大危险之一。而且与脱水食物相比，远赴外星的宇航员也更希望吃到新鲜的蔬菜。从地球向太空运送显然是不现实的，最好的途径莫过于在太空建立一个农园，让宇航员“自产自销”。但到目前为止，在太空环境栽培植物仍在使用营养液进行无土栽培，这存在着溶液难以管理、容器装置太重等缺点。

NASA 肯尼迪航天中心希望通过一系列的实验，彻底解决长期载人航天的补给难题。届时宇航员只需要带少量的食物和水，就可以在一个封闭的自循环系统里长期的生存下去。

光照问题

太空舱内没有阳光。要想实现就地解决宇航员所需的食物、氧气和水这一目标。首先要解决的就是光照问题。

在空间站这个封闭的环境中，能源是一种稀缺资源，没有多余的用来种菜。在几乎没有光照的条件下培育绿色植物无疑是一个很大的挑战。

在这方面，科学家们发现了发光二极管。发光二极管几乎不会发热，与普通灯泡相比，消耗同样的电力可以持续工作 10 万小时。

但植物不是那么容易满足，NASA 的植物学家还需要解决的问题是，植物的存活和生长是否需要全部的光谱？于是他们开始试验不同波长的光。所用的实验设备是一个貌似冷柜的装置，里面是一片黑暗，只有二极管发出微弱的红光照射着三个小玻璃温室。温室内生长着罗马莴苣。他们发现，植物的生长以及光合作用其实只需要红光。这一发现很令人振奋，因为可以节约大量的能源。当然，植物的生长也需要一点蓝光来指引方向。有了红光和蓝光，绿色植物就可以生存。他们还间断地给植物添加蓝光，来观察它们的自然颜色，并且检查它们的健康状况。经过长时间的研究，他们发现蓝光能够增加莴苣中这些分子的含量。

多年的实验让专家们欣喜地发现，只要控制了光线和二氧化碳，就可以操纵植物抗氧化物的生成水平。在较恶劣的环境下，绿色植物会生成一些化合物，比如类胡萝卜素和类黄酮，保护自己免受太阳辐射并延缓衰老。

科学家们还在国际空间站的微重力状态下飞行了 73 天，用小麦进行了光合作用实验。他们的小菜园，成了当时空间站里的宇航员们最喜欢的地方。他们控制了二氧化碳的浓度、湿度、温度、空气流通、营养物质和光线强度，用增加二氧化碳浓度的方式来模拟太空船里有更多的人，并且监测植物生产氧气的效果，发现二氧化碳越多，小麦消耗的水分越少，长得更快。

灌溉及空气净化

由于在失重状态下水珠会四处乱飞，太空农场有一套专门设计的多孔渗水管道系统来输送水和养料，同时向蔬菜的根部输送氧气。科学家们通过观察发现，无论是在太空还是在地球上，植物净化空气和水的能力是一样的。

空气质量研究方面的专家正在进一步探索植物和空气质量的关系。

密闭的环境里百味杂陈，空气中充满了电子灰尘，以及工业酒精的挥发物。专家控制了气体的浓度，然后把植物放在不同的空气环境中，目标就是让登月太空舱内的空气像秋风一样清新。

废物利用

未来太空舱的污水也将通过生物反应处理。一些宽大的塑料管组成了水循环系统，因为国际空间站上只提供饮用水，没有多余的水用来做饭和洗澡。要想彻底不浪费每一滴水，甚至要把尿液收集起来再利用。

其他尝试

日本本着同美国研究者同样的思路开发出一种能在失重环境中固定土壤、栽培农作物的装置。它可以用来在太空种植新鲜蔬菜，供空间站的宇航员享用，研究人员把它称为“宇宙农园”。

“宇宙农园”形状像一个水柜，里面装有土壤。研究人员在土壤中埋入开有小口的陶瓷管，用气泵抽出管中空气，然后把它放入模拟的航天器中进行实验，结果证明在失重状态下土壤不会飞散。

人类和植物是太空旅行的理想伙伴。人类吸入氧气呼出二氧化碳，而植物正好能将二氧化碳转变为氧气。人类的排泄物可以给植物提供养料，而植物则可以供给人类食物。

所以说，蔬菜生长所需的阳光、空气和水也在狭小的太空舱里解决掉之后，“宇宙农园”实验一成功，宇航员的生活垃圾就能够得到很好的利用。宇航员们就可以在吃上新鲜蔬菜的同时，得到更清新的空气和生活用水。

“宇宙农园”一系列相关实验的目的，是在太空中创造一个封闭的再循环系统，并且今后推而广之，在其他星球也能建立适宜蔬菜生长的温室。毕竟，蔬菜对宇航员的意义不仅是食物和氧气，绿色植物更能让他们心理上获得安慰。

27.“虫洞”是我们梦寐的时光隧道吗？

或许是捷径

探索星空是人类一个恒久的梦想。但人类迈向星空的第一步则是在1957年。那一年，人类发射的第一个航天器飞出了我们这个蓝色星球的大气层。12年后，人类把足迹留在了月球上。3年之后，人类向外太阳系发射了先驱者十号深空探测器。1983年，先驱者十号飞离了海王星轨道，成为人类发射的第一个飞离太阳系的航天器。短短二十几年的时间里，人类探索星空的步履不可谓不迅速。但是，相对于无尽的星空而言，这种步履依然太过缓慢。率先飞出太阳系的先驱者十号如今正在一片冷寂的空间中滑行着，在满天的繁星之中，要经过多少年它才能飞临下一颗恒星呢？答案是200万年！难道我们就没有什么办法可以让航天器以某种方式变相地突破速度上限，从而在很短的时间内跨越那些近乎无限的遥远距离呢？虫洞让我们看到了一点希望。

认识虫洞

60多年前，爱因斯坦提出了“虫洞”理论。那么，“虫洞”是什么呢？简单地说，“虫洞”是宇宙中的隧道，它能扭曲空间，可以让原本相隔亿万公里的地方近在咫尺。

举例来说，假如大家都在一个长方形的广场上，左上角设为A，右上角设为B，右下角设为C，左下角设为D。假设长方形的广场上全是建筑物，你的起点是C，终点是A，你无法直接穿越建筑物，那么只能从C到B，再从B到A。再假设长方形的广场上什么建筑物都没了，那么你可以直接从C到A，这是对于平面来说最近的路线。但是假如说你进入了一个虫洞，你可以直接从C到A，连原本最短到达的距离也不需要了。这就是所谓的虫洞。但是由于虫洞引力过大，人无法通过虫洞来实现“瞬间移动”的可能。

打造时空隧道

20 世纪 50 年代的时候，已有科学家对“虫洞”作过研究，但由于当时技术条件所限，一些物理学家认为，理论上也许可以使用“虫洞”，但“虫洞”的引力过大，会毁灭所有进入的东西，因此不可能用在宇宙航行上。

随着科学技术的发展，新的研究发现，“虫洞”的超强力场可以通过“负质量”来中和，达到稳定“虫洞”能量场的作用。科学家认为，相对于产生能量的“正物质”，“反物质”也拥有“负质量”，可以吸取周围所有能量。像“虫洞”一样，“负质量”也曾被认为只存在于理论之中。不过，目前世界上的许多实验室已经成功地证明了“负质量”能存在于现实世界，并且通过航天器在太空中捕捉到了微量的“负质量”。

据科学家观测，宇宙中充斥着数以百万计的“虫洞”，但很少有直径超过 10 万公里的，而这个宽度正是太空飞船安全航行的最低要求。“负质量”的发现为利用“虫洞”创造了新的契机，可以使用它去扩大和稳定细小的“虫洞”。使它们足以让太空飞船穿过。也就是说，如果把“负质量”传送到“虫洞”中，把“虫洞”打开，并强化它的结构，使其稳定，就可以使太空飞船通过。他们的研究结果引起了各国航天部门的极大兴趣，许多国家已考虑拨款资助“虫洞”研究，希望“虫洞”能实际用在太空航行上。

期待未来

总之，目前我们对“黑洞”、“白洞”和“虫洞”的本质了解还很少，它们还是神秘的东西，很多问题仍需要进一步探讨。目前天文学家已经间接地找到了“黑洞”，但“白洞”、“虫洞”并未真正发现，还只是一个经常出现在科幻作品中的理论名词。

但宇航学家认为，“虫洞”的研究虽然刚刚起步，它潜在的回报却不容忽视。科学家认为，如果研究成功，人类可能需要重新估计自己在宇宙中的角色和位置。现在，人类想从地球航行到最近的一个星系，动辄需要数百年时间，这是超出人类寿命的不可能的任务。而如果未来的太空航行能用上“虫洞”，那么瞬间到达宇宙中遥远的地方将轻而易举。

28. 是谁“操纵”植物的生长方向——航天技术帮你找答案

“天性”也是问题

我们知道，人很容易分辨方位，因为人有一套非常复杂的感觉系统，那么，植物怎么分清方向呢？植物也有感觉器官吗？否则植物为什么总是竖直上下生长？当植物长到一定的高度后，把花盆倾斜，它还是一如既往地朝上生长；当你有意识地将植物的头压倒时，过一段时间它还是要不屈不挠的向上生长。

有人说这是植物一种精神。是的，它是植物的一种天性，是地球环境造成的结果。于是，这样一个“天性”的问题并没有引起普通人多么大的思考兴趣。农民播种时，从来不会考虑种子在土壤里的状态，也没有人在意种子萌芽之后，为什么根总是往下长，而茎干却是往上长。

但世间万物的存在及存在方式都是有理由的，科学家用他们善于发现问题的眼睛盯上了这个看似平凡而微小的问题，并且为这些问题长时期地困扰着。

多角度找答案

关于植物的生长方向问题，当今的科学中有许多角度的理解。

科学家们首先想到的是重力，他们从物理学角度认为，重力在植物的方向感知方面充当了某种重要角色，并且影响着植物的诸多表现行为，但植物究竟怎样“感觉”到重力的牵引，并以何种方式回应重力的牵引作用还是个谜题。

想当年，进化论的鼻祖达尔文曾观察到，植物的芽和根在改变生长方向时，各部分细胞的生长速度不同，但这一切又是由谁来决定的呢？达尔文无法做出更进一步的解释。

另外，许多植物的生长都有向光性，但在北半球许多森林中的树木，其主干都是笔直朝上生长的，而太阳从来没有在它们的正上方光顾过，况且有些树木还是从一些被埋在见不到阳光的土壤里萌发出来的。1926年，美国植物生理学家弗里茨·温特做了一个实验，他使植物的胚芽鞘一面受光，另一面对着无光的黑暗处。结果胚芽鞘的生长发生了有趣的变化，渐渐朝着有光的方向弯曲。后来，温特从胚芽鞘中分离出一种化合物枣植物生长素，它具有促使植物生长的功能。当胚芽鞘受到光照时，生长素就聚集到遮阴的一侧，而生长素的积累使遮阴部分生长加快，受光部分则由于缺少生长素而生长较慢，导致植物生长弯曲。于是温特认为，植物茎或叶片的弯曲是由于生长素在组织内的不对称分布造成的。

不久前，美国植物学家提出：无机钙对于植物的生长方向起着举足轻重的作用。他们在研究中发现，植物的弯曲生长过程中，无论是根冠下侧部位还是芽的上侧部位，都存在着高含量的无机钙。那么，无机钙又是如何使植物辨别方向的呢？植物学家解释说，因为根冠有着极为丰富的含淀粉体的细胞，而淀粉体是一种贮存淀粉和大量无机钙的大荚膜，在重力的作用下，淀粉体就会把内部的钙送到根冠下侧。这时，如果用特殊的实验手段去阻止钙的移动，植物就不会按正常的方式去生长。同样，植物的芽虽然没有冠部，但也含有丰富的淀粉体，淀粉体也能将其内部的无机钙送到上侧的细胞中，这说明，无机钙对植物生长方向起着不可忽视的重要作用。

期待航天技术给答案

一些科学家推测，当植物细胞中的流动物质（原生质）在重力的作用下向下流动的时候，细胞壁上的压力会相应地发生变化并产生某种信号，来辨别哪是“上”，哪是“下”。

据悉，美国宇航局计划近期用航天飞机把植物种子送上天，希望揭开植物生长的奥秘。航天飞机将把亚麻种子送上地球轨道，由计算机控制种子萌发时所需要的水与温度。种子在这种环境中，重力已经变得微乎其微了。同时，植物细胞中的原生质，以及淀粉颗粒的运动也将发生变化。

植物在太空中生长已经不是新鲜的实验，但这项实验是植物首次在“人造重力”环境下生长的实验。它将给植物生长环境提供人造磁场（相当于人造重力环境），细胞中的原生质将在人造磁场的影响下运动，包括淀粉颗粒也将“感觉”到这种磁力。

科学家指出，研究淀粉颗粒在不同环境下的运动状态可能有助于揭开种子萌发方向的秘密。

29. 假如地球消失

地球的好姐妹

“地球绕着太阳转，月亮绕着地球转”这是小学语文里的句子。简单而又朗朗上口的一句话包含了一个最基本的天文学知识——月球是离地球最近的天体，它是围绕地球运转的、唯一的天然卫星。

月亮与地球的平均距离约384400公里。月球绕地球运动的轨道是一个椭圆形轨道，其近地点（离地球最近时）平均距离为363300公里，远地点（离地球最远时）平均距离为405500公里，相差42200公里。

大胆的假设

牛顿定律告诉我们，当月球不受外力影响之时所该采取的路径是直线运动。若真有其事，那么，假定地球突然消失，在40万千米之外的月球会如何、何时知道应该放弃圆周轨道（这是地球重力所造成的），并开始以直线运动呢？

按照牛顿的超距作用观点，月球应该会立刻知道地球不见了。因为根据牛顿对重力的描述，地球重力会向外伸出并跨越没有东西的太空，瞬间就会拉住月球。一旦把地球挪走，那种拉力就会立刻消失。事情真的会是这样吗？

新观点的解释

另外还有一种观点来解释地球和月球的这种关系。刚接触时，这种观点或许是相当复杂抽象的，其实不尽然。在你逐步完善光学知识的过程中，这个观点对你会极其重要，并且在讨论相对论的来龙去脉时，它也是绝对不可缺少的。就算在初期阶段，或许你也会察觉，这个新观点具有更完满的哲理。 这个新观点引入了场的概念，想象地球会产生一种作用——重力场，通过它影响其周围的所有空间。把某个物体摆在地球附近时，它就会在那个位置感受到地球重力场的作用。而不是被什么神秘的超距作用所拉扯。物体会感受到朝向地心的作用力，从而对那种力做出反应，该作用力的强度根据物体的质量和重力场的强度而定。既然距离地球愈远，重力就会随之递减，重力场的强度也必然是如此。我们可以在重力场中选择定点，并由此画出箭头来显示其强度和方向，这样就能描绘出重力场。 根据这种观点，地球并不是直接施力，而是在其附近产生一种重力场，物体则是对重力场做出反应。这种观点很复杂，却具有单纯的特性：这样一来，物体就不必知道远距离某处的状况，而只需要了解附近发生的事情。也就是说，根据场的概念，我们对地球与物体之间作用的过程的叙述发生了改变——如今这类物体都在其位置上对地球的重力场做出反应，而不是对地球做出反应。不过到目前为止，超距作用和重力场的观点所预测的物理结果还是完全一致。月球、航天器，还有坠地的苹果，举止还是会一如牛顿的预测。

究竟会怎样

让我们回到那个问题：万一地球突然之间消失了，月球会如何、何时知道应该放弃圆周轨道并开始以直线运动？目前我们还不能明确。

不过，依据场的概念，在地球这个位置发生的事情对月球并不重要，重要的是决定月球运动的局域重力场。那么，当地球消失之时，各地的重力场是否也会跟着消失？或者，那里的重力场有某种独立存在特性，要花一点时间才会得知地球已然灭亡？事实上，答案是后者。重力场不会立刻随着地球的消失而消失，它具有某种独立存在的特性。因而，在场的概念下，假设地球突然消失，与地球联系紧密的月亮恐怕要晚些时候才会做出反应。

30. 新救生系统让空中飞行更安全

空中飞行有威胁

突发的强对流天气是大多数空难发生的直接原因。对流层和平流层实际上是没有明确分界线的，大约在8000米以上空气就已经很平静了，但是，所谓的平流层没有对流运动这种流行的说法是错误的。实际上平流层同样存在对流运动，而且平流层中的风力比地面还要强大得多。只是平流层中出现强风的概率比较小，而且通常都比较稳定。

现实中，民航飞机在空中的飞行高度并非如某些人认为的那样是在平流层，准确地说它们的飞行高度是在对流层顶部。严格来说绝大多数民航班机（超过95%）都在8000~11000米之间的高度飞行，大部分飞机并没有进入平流层。如果是短程航班，高度会更低。

不管原因是何，也不论相比较其他交通方式空运事故发生的概率有多低，一个不容我们回避的现实是，自人类飞向蓝天以来，空难就如影随形。以2001年为例，全世界共发生有人员死亡的空难事故33起，共死亡778人。这是自1992 ~ 2001十年间空难事故发生次数最少的一年。近期，法航空难震惊世界，这让飞机救生问题再次受到人们的关注。

新型救生系统引入

俄罗斯相关专家就向世人介绍了一种新型飞机救生系统设计方案。

根据相关介绍，俄罗斯专家建议将客机、货机机身的最内层改装成数个前后相通的密封舱，在各密封舱结合部的机身夹层中和机翼与机身的结合部安装聚能分离器（即小型爆破装置），在各密封舱顶部的中心位置加装降落伞。当飞机在空中遇到严重的紧急情况时，人工智能电脑可根据飞行高度、下落速度、剩余飞行时间等信息，综合分析情况的紧急程度。如果飞机坠毁不可避免，电脑将通知机组人员启动救生系统。

当听到警报后，飞机上的所有人须立即将自己固定在座位上。与此同时，各密封舱前后舱口处的密封门会迅速关闭。之后，各密封舱结合部的聚能分离器会从后向前依次发生小爆炸，使载有乘客和机组人员的密封舱完整地相互分离。分离成功后，密封舱和机头顶部的降落伞会借助微型发射装置在 1 秒钟内打开，最终使密封舱和机头软着陆。此外，如果在飞机起降时发生紧急情况，也可单独借助各舱段和机头顶部的降落伞进行制动，减小事故的危害性。

在着陆之后，密封舱和机头中的通信装置会不断发出求救信号，以便于救援人员发现着陆位置。由于密封舱和机头均由轻型复合材料制成，舱内装有生命保障系统，因此即使降落于水面，密封舱和机头也会浮在水面上等候救援。

根据该项目的负责专家介绍，这种新型的飞行救生系统一旦在飞机上进行实用性的安装，飞机的制造成本将会上升 7% ~ 8%。

但“生命诚可贵”，我们相信只要这种新型飞行救生系统能够切实提高飞机的安全性能，那么它就一定会有强大的市场竞争力。谁都不会怀疑，快捷又安全的出行是最能赢得人们青睐的。

31. 更小的卫星更好的帮手

大项目的“小帮手”

科学家们预言，新世纪里太空科学技术的迅猛发展，将使人类可以更快捷、经济、充分地利用太空中无尽的资源环境，实现太空特殊材料加工、生物育种以及太空旅行、移居外星球等一系列源自科幻小说的美好愿望。而这些愿望的实现或多或少都需要来自卫星的信息和技术支持。

目前，国际航天界正掀起一股“小卫星热”，除了微卫星（重10～100公斤）外，还有更小的“纳卫星”（重1～10公斤），最小的“皮卫星”（0.1～1公斤），只有信用卡大小。

小帮手迅猛成长

卫星应用产业经过几十年的发展，已经初具规模。卫星应用领域的不断延伸和扩大，已经成为国民经济建设和社会发展不可缺少的重要技术手段，产生了较大的经济效益和社会效益，深刻地影响着人们的生活方式。在空间环境应用等方面，卫星应用的发展势头尤其迅猛。卫星广播通信、卫星导航技术的应用为现代化社会提供了卫星电话、数据传输、电视转播、远程教育、远程医疗、导航定位等上百种服务，已经成为人类的“神经系统”。卫星遥感应用可以使人们随时随地掌握地球及空间信息，为资源开发、环境保护、传染病防治等提供强有力的手段。

越来越小越来越能

根据专家介绍，重量小于或等于1000公斤的卫星可归入小卫星家族，不到100公斤的称为微卫星，而纳米卫星仅重10公斤，未来甚至还可能出现1公斤重的皮卫星。虽然它们是卫星家族里的“小个子”，但是作用可不容小觑，它们在通信、对地观测、天文观测、技术试验、科学试验领域都有其用武之地。多颗小卫星，能实现一颗大卫星的功能；一颗大卫星无法完成的使命，多颗小卫星却可以做到。最有意思的是，小卫星还可以为大卫星伴飞，如国际空间站的 INSPECTOR 卫星。负责伴随飞行的小卫星，往往沿着近似同心圆的轨道对大卫星“紧追不舍”，忽前忽后、忽高忽低，严密“监视”大卫星的一举一动。专家介绍，它的真实任务是检查大卫星在各个不同时期的工作状态，而其成本往往只有大卫星的几十分之一。大卫星和火箭的分离是否顺畅？进入轨道后是否正常工作？太阳阵有没有及时打开？这些都需要伴飞的小卫星“操心”。据悉，大、小卫星可由多星运载火箭一并带入太空；小卫星也能搭大卫星的“顺风车”，由航天员亲自带出舱后，为飞船和航天员出舱活动拍照摄像，并帮助飞船定向。

新趋势

发展现代小卫星代表了一种新思想、新趋势。它突破了传统的一星多用、综合利用的设计思路，不追求全面、综合、完美，而是主张简化设计，采用成熟技术和模块化、标准化的硬件，以便实现通用化和组合化，只要不伴随单点失效，则应尽量减少备份或无备份。这就决定了必须下大力气探索和选择新途径，再沿用大型卫星研制的老套子是不行的。

国外在小卫星的开发中很重视率先解决计算机辅助设计和管理等软硬件的集成问题，积极建立各层次设计数据。经验证明，落后的设计、制造工艺和工作环境无法实现小卫星的发展，采用全新的技术途径也必须有现代设计手段的支持。由于用小型卫星组成的星座数量多，因此必须批量生产。美国铱星和全球星的生产采用了全新的方式，20 多天就制造一颗卫星，令人为之一振。

新未来

现代小卫星最为特殊的用途之一就是能够比较经济地进行空间技术试验。美国已经采用小卫星进行了多次这样的试验，其中有一种名叫“空间试验平台”的系列卫星水平较高。该系列的每颗卫星重 180 ~ 500 千克，工作寿命 1 ~ 3 年，运行在近地轨道，适应性较强。它可以根据任务需要，在较短时间内完成总装、测试和发射。

美国还于 1997 年 8 月和 12 月分别发射了“刘易斯”小卫星和“强力

二号”小卫星。前者是小卫星技术倡议中的一颗，用于探讨更快、更好、更省的发展方针，后者用于验证多项新的空间技术。

另外，现代小卫星所具有的特点，还决定了它在军事方面可以大显身手。它可根据战场需要及时进行应急发射，即使战后报废也无所谓，因为从一场高技术战争的费用来看，这笔小的支出还是很划算的。正缘于此，一些国家竞相研制形形色色的军用小型卫星。

另据科学家预言，未来“纳卫星”可以为个人所拥有，通过这种“个人卫星”,人们可在家里采集到更多所需信息,极大地丰富人类生活和工作。

32. 太空制药让顽疾治愈不再是梦

制药难题地球上难于解决

健康长寿甚至长生不老是古往今来多少人的美好愿望。尤其是当人得了疾病甚至是不治之症的时候，都非常希望能找到灵丹妙药，以尽早摆脱病痛的折磨或者战胜死神的威胁。

但现实是，由于技术、工艺等各方面的原因，灵丹妙药并不好制。航天飞船太空培育菌种在这方面给了我们很好的启示。

失重给制药带来希望

根据有关的科学实验。如果我们把制药的大环境换到太空里，有些棘手的生物工艺难题，就能迎刃而解。因为在失重的空间环境中，细胞和小球都不会沉降到容器的底部，因此细胞可以安然地悬浮在培养介质中，永远保持旺盛的活力。根据这一点，只要各方面辅助技术成熟，我们就可以通过太空制药生产出大量的、地球上难以制成的生物制剂，然后运回地球，以治疗地球人的一些顽症。

电泳技术至关重要

失重环境的一项重要应用就是生物物质的分离和提纯。例如，生物学家和医药学家们最感兴趣的电泳技术将在未来太空城的制药厂里发挥出举足轻重的作用。

电泳技术是将质量和电荷的比值不同的粒子在电场中分离的一种方法。利用这种方法既可以分离不同成分的混合物，又可以分离细胞和蛋白质，甚至可望从“衰老”的细胞中分离出“年青”的细胞，或者从含有癌细胞的细胞中分离出“健康”的细胞。

因为在地面上的电泳分离过程中，不论多么小的粒子都同时受到电场力和重力的沉淀作用。在电力使细胞或它们的培养介质受热时，将同时发生对流和沉淀作用。如果重力大于电场力，沉淀就起主要作用，反之，对流将起主要作用。但无论沉淀还是对流都会使本来已经分离的成分重新混合，从而大大降低了电泳分离的效率。所以在地面上，电泳技术很难发挥出有效的作用。然而，在失重的太空环境下，上述弊病就不复存在了。

“阿波罗—联盟”号飞船在进行联合飞行时曾进行过电泳分离试验，试验结果表明，在失重环境下可以从大约5%的肾细胞中分离出尿激素。据计算，其分离效率要比地球上的高6～10倍，而且质量极好。这种尿激素是溶解血栓或凝血的一种特效药。将来，如果能在太空城中投入批量生产，仅美国一个国家，每年至少可以使5万人免死于凝血症。

太空制药大有可为

航天飞机投入正式使用之后，美国和西欧的一些工业公司计划在航天飞机携带的空间实验室里进一步进行电泳技术试验。试验的第一个目标就是从血浆中分离出激素、酶和蛋白质。美国一位从事空间生物制品研究的专家威斯指出，在空间中利用电泳技术生产血浆蛋白的效率要比地球上的高700倍。

在太空制药厂里制取骨胶原也是大有可为的。这种骨胶原是形成肌腱、神经、皮肤、骨骼和血管的基础。从人体组织中提取或复制的骨胶原，可以作为治疗创伤或烧伤的人造皮肤和人造角膜或有助于进行心血管和整形手术的其他薄膜。

目前美国巴蒂尔实验室正在研究骨胶原的制造工艺。但在地球上，这种骨胶原是很难生产的，特别是在复制过程中由于重力的作用，蛋白质纤维容易固着，从而导致骨胶原的凝胶体成为一种质量不均匀的结构。而在空间的失重条件下却很容易制取质量极优的骨胶原。

我国的太空制药成果

如今，越来越多的医学突破，直接受益于太空科技所取得的成果，我国作为航天大国在太空制药方面也取得了明显成就。

自 1987 年第一种他汀类药物在美国上市以来，他汀就成为治疗心脑血管疾病最有效的药物。但该药也有引起人体转氨酶升高、损伤肝脏、抗氧化能力下降等副作用。

北京东方红航天生物技术有限公司提供的天曲母菌，1999 年在“神舟一号”飞船上进行了搭载实验、绕地飞行 14 圈后，通过太空诱变，发现其中的他汀成分含量比地面提高一倍多，同时成功解决了地面无法做到的他汀与硒的复合问题，形成天然他汀与硒的复合物富硒他汀。富硒他汀既能降低血脂，又能保护肝脏，为广大心脑血管患者康复提供了保证。

目前，全世界每年死于心脑血管病的人数为 1500 万，患有此类疾病的人更多。我国是心脑血管疾病第一大国，每年有 300 万人死于此病。有人预测，如果这 300 万患者服用太空研制的富硒他汀类药物，那么将有 100 万人的生命得到延续。

这些仅仅是开始，相信太空制药的应用范围绝不仅限于此。让我们共同期待太空制药治愈越来越多顽疾的明天吧！

33. 太空成功跑起了运输车

太空也需要有车

在地球上，作为交通工具的一种，各种各样的汽车是我们现代生活不可或缺的好帮手。随着地球越来越拥挤，环境改善困难不断增大，人类向太空要空间、向太空要资源的脚步越来越快了。

从航天飞机到太空飞船再到太空空间站，人类在太空中的活动范围和活动内容也正在不断扩大之中。太空活动所需要的相关配套设施的需求也随之迫切起来。这其中，运输太空设备的太空车研发工作首当其冲地走进了科学家的眼界。

普通人也知道，把地球上的车辆带到太空中去执行运输任务显然是不现实的。所以，科学家必须充分考虑太空环境的各方面特点，有针对性地研制最适合太空的小车。

小车在太空跑起来

2002年，美宇航局的专家们进行了他们研发的太空有轨车的实地测试。在众人期盼的目光中，一辆小型有轨车在世界上第一条太空轨道上“跑”了起来。首次试车虽然有些磕磕绊绊，但总的来说还算得上是成功的。从太空考察的角度来看，这次磕磕绊绊的试车实验对未来利用小车建设国际空间站具有非常重要的意义。

试车当天，按照计划，太空空间站的第四长期考察组成员沃尔兹首先通过便携电脑向小型有轨车发出指令，小车随后向横梁上的第一个指定“站”点前进，但车子在“靠站”的时候出现了意外。所谓的“站”点是小车的工作位置，按照设计，有轨车必须在该位置自动锁定。然而在测试中，车子到了这一位置后，却无法完全“靠站”。

地面控制人员分析后认为，可能是太空中的失重状态使小车出现了极其轻微的“脱轨”。其结果是，车上用于定位的磁传感器与轨道上的铁条失去接触，从而无法在工作位置完全锁定。控制人员改用人工操作向小车发出指令，解决了这一问题。

此后，小车按照自动程序，在“始发站”与轨道另一端的“工作站”之间跑了一个来回。在两次“靠站”过程中，早先的问题还是未得到解决，地面控制人员都采用了人工指令的办法将其固定在“工作站”上。在15日的通车试验中，长2.7米、宽2.4米、高0.9米的小车共运行了约22米，平均速度不到每秒2.5厘米。

小车经过的这条长约13米的轨道，安装在国际空间站外新架起的首根“横梁”上。“横梁”、轨道及小车，都是由美国“阿特兰蒂斯”号航天飞机运上太空的。航天飞机上的宇航员们在过去4天内进行了三次太空行走，完成了架设“横梁”和轨道试车的准备工作。

车小任务重

这辆重约1吨的小车正式名称为“移动运输车”。在通车试验后，它将停靠于目前的位置。今年6月，宇航员们将在小车上装一个基座，以便于将来固定国际空间站上的机械臂。按计划，空间站外还将陆续增添8个彼此相连的“横梁”，它们上面铺设的太空轨道总长将超过90米。携带着机械臂的小车在轨道上滑行，将大大拓展机械臂的活动范围，为未来国际空间站的施工带来便利。

34. 在星座间自由穿梭——恒星际穿梭的设想

科幻情节

如果恒星际宇宙飞行能够成功，我们就能得到解开宇宙年龄等宇宙之谜的大量线索。但恒星际宇宙飞行一直是科幻小说、科幻电影中的情节。

当然，依靠最新的技术成果，许多科学家仍认为实现恒星际宇宙飞行是可能的。他们提出了从搭载原子反应堆、反物质反应堆的载人飞船，到利用激光束和粒子束加速到亚光速的探测器等形形色色的方案。

利用穿梭机

有科学家提出利用穿梭机的方法。但穿梭机这样的化学燃料火箭加速度为 1.7g，也就是只有地球重力 1.7 倍的加速能力。所以使用穿梭机要用 10 年时间才能到达离我们最近的阿尔法半人马座。这期间需要持续加速两个月以上，也就意味着穿梭机就得装载更多的燃料，而这会使它的重量大到根本无法离开发射台。

而且，为了用 10 年时间到达阿尔法阿尔法半人马座，必须维持 0.5 倍以上的光速。然而随着接近光速，当速度达到光速的 0.75 倍左右时，质量将变成 1.5 倍。由于质量增大推进力即使加大也无法加速，所以穿梭机必须造得尽可能轻些。

另外，恒星际宇宙飞行需要的能量要远远大于一般飞行。如果要让载人宇宙飞船以三分之一的光速飞行，就需要相当于让全世界发电厂工作几年的能量。如果采用原子反应堆，单位质量燃料的推进力将增大 1000 万倍。理论上说，可以期待的办法是用激光束照射核燃料在燃烧室内发生核聚变反应。但是为此就得建造相当复杂的反应堆，技术上是十分困难的。基于上述几点，使用穿梭机这类化学燃料火箭去实现恒星际宇宙飞行的想法就废弃了。

利用反物质

在各种各样的粒子中，存在着一类除电性相反而具有共同性质的反粒子，各种成对的粒子与反粒子一旦相遇，在释放出多种射线和极大能量的同时将同归于尽。理论上说，这一巨大的能量是核裂变和核聚变的 100 倍。要把一般质量为 1000 千克的宇宙飞船加速到 0.1 倍光速只需 9 千克的反物质燃料就够了。

但问题之一是，怎样才能把反物质富集起来。欧洲核子研究中心的巨型加速器中，10 分钟里产生 10 亿个反质子。然而反质子以 0.1 倍光速（不可思议的高速）飞进，要捕捉住它们谈何容易。史密斯在反质子的前方设置全金属箔和气体，以降低反质子的速度，力图将反质子封闭在一个用磁场构成的容器内。如果他成功了，10 分钟里就能富集到 100 万个左右的反质子。遗憾的是，100 万个反质子作为火箭燃料实在是杯水车薪，而且这项工作得不断反复进行。

而且，反物质是带电性的粒子，彼此会产生排斥力，反物质的密度越高，用来约束反物质的磁场强度就越大，这就需要能让磁场强度之大超乎想象的超导材料。

另外，即使建造高效率、规模巨大的反物质生产厂，要生产 1 克反物质就需要长得异乎寻常的时间。欧洲核子研究中心制造反氢原子，在三个星期的实验中只制造出 9 个，即使有了专家期待的新设施，每年也只能生产出 1 微克反物质，要把 9 千克反物质火箭燃料弄到手，必须得 90 亿年。

所以利用反物质似乎也不可行。

太阳帆能行吗

1960 年，科学家佛沃德第一次提出了撑开巨大的铝箔制成的帆，利用太阳风推进飞行——“乘坐”从太阳不断喷发出的带电粒子流，也就是“坐蹭车”的“太阳帆”的构想。但是利用太阳帆在恒星际间飞行存在重大的缺陷。离开太阳系后，带电粒子流便变得稀薄，宇宙飞船在“无风”的状态下会停驶，利用太阳帆前往其他恒星显然是不可能的。

对激光束寄予厚望

由于激光束几乎不会发散，激光束可以从太阳系中射出，所以能够实行必要的操纵和管理，设备的更新也有了可能。而且宇宙飞船无需搭载燃料便能造得更轻。

但宇宙飞船依靠激光束获得的推进力实在小得无济于事，要利用激光束来实现恒星际飞行，就必须有更强有力的激光束，光帆也必须大得超出想象。

粒子束有效

提出“粒子束设想”的是科学家说，宇宙飞船的光帆采用超导体制成的巨环更有效。超导体环可形成面包圈状的磁场，粒子束射向磁场就会产生推进力。可用在小行星上设置的核聚变反应堆，超高温加热而等离子体化的气体，向一定方向喷射获得粒子束。

粒子束的缺点是很容易扩散，扩散使距离增大，效率也就会降低，但它仍比激光束更具推进力。

不过，他也遇到了难题——宇宙飞船的乘员必须耐受高达1000g的加速度。而且在“粒子束设想”中还有一个重大的不足——前往恒星这样遥远的地方，根本不可能传递能量，也就是说有去无回。

总之，就人类目前的科技水准而言，恒星际宇宙飞行本质上是不可能的，要想飞向人马座人类还得探索相当长的时间。

35. 不明飞行物UFO

最早的发现

是谁最早发现了UFO，这是一个难以考证的问题。一般认为，它可以追溯到19世纪70年代。早在1878年1月，美国得克萨斯州的农民马丁在田间劳动时，忽然望见空中有一个圆形的物体在飞行。当时，美国有150家报纸争相报导马丁的发现，这是人类历史上最早见诸报端的“不明飞行物”的报道。

“蓝皮书计划”

19世纪以来，世界各地不断地出现目击不明飞行物（英文缩写UFO）的报道或传闻，特别是20世纪50年代开始的空间科学时代以来，UFO、“飞碟”、“外星人”的目击事件与日俱增。各种报道中，UFO“幽灵”般出没于地球，人们不禁要问：UFO现象确实吗?

1948年，为了探索UFO的奥秘，美国空军执行了一项著名的“蓝皮书计划”。该计划进行了22年研究。此项计划的档案内容包括12600件目击报告，其中12000件报告所述的UFO，当局均以飞机、气球、云彩、流星、鸟、人造卫星及光线反射等做出解释。仍有585个UFO报告是无法用一般的物理及大气现象来说明的，还有许多人对学术报告回避了一些无法解释的现象感到不满。

否定的解释

科学家们经分析后得出的结论是：UFO可能是一种自然现象，也可能是一种幻觉、骗局。众所周知，人的眼睛有时会把一些小圆点视为一条线，或者将某些不规则形状的物体看成一种熟悉的东西，甚至在某个观察角度和一定的天气条件下，即使一些视力良好、有理智的人也会把一颗星或一架飞机看成一种其他物体。

例如，蓝皮书计划记载：“1948年7月24日的凌晨3时40分，一位驾驶员和一位副驾驶员在驾驶DC－3型飞机时，迎面看见一个物体从他们的右上方掠过，急速上升，消失在云中，时间大约有10秒钟……这个飞行物似乎有火箭或喷气之类的动力装置，在它的尾部放射出大约15米长的火焰。该物体没有翅膀或其他突起物，但有两排明亮的窗子。”那天夜间正好有流星雨，所以天文学家认为这个奇怪的物体实际上是远处的一颗流星。

那么，对于那些没有得到解释的UFO报告，是否可以肯定它们是外星人的交通工具呢？ 根据科学家计算，假如银河系有100万个文明世界，每个世界每年必须发射10000艘飞船，才可能有一艘来到地球上。可见，在证据不足的情况下，对UFO事件绝不能妄下定论。

从未停止的造访

在中国，自70年代以来也屡有UFO的目击报告。1998年10月3日中午，云南昆明市的韩建伟在该市西北郊用摄像机拍摄到了一段不明飞行物的录像。据认为，这段约2分钟长的录像资料在世界上也是罕见的。

迄今为止，世界上不明飞行物的目击案例已逾10万件，每年还以平均3000余件的速度递增。

不久前又有报道说，英国学者雷德芬在其新书《宇宙空难》中称，英国政府在偏远的威尔士谷设立了高度机密的基地，用来保存失事外星人的尸体。而美国的一份杂志甚至宣称，美国政府的一份机密文件表明，在美国政府有关部门手中至今仍有一名UFO空难事故幸存者。

肯定的解释难以立足

但是，必须指出的是，所有这些近乎现代神话的目击报告和报道，虽然触发了善抓商机的好莱坞编剧们的创作灵感，却从来没有得到任何国家的官方证实，或是经过严谨缜密的科学实证。相反，到目前为止，科学调查证明，绝大多数所谓UFO报告都是由人类活动和地质、天文、大气和生物发光等现象引起的——不计其数的所谓UFO报告并不能证明，天外来客曾光顾我们这个星球。

在确凿证据出现之前，星际间的面对面交流也许只能在影视和小说中实现。对于这些神秘来客，在较长的一段时间里我们还是要抱怀疑的态度来看待。

36. 外星人在哪里？

早期的谎言

除了地球之外，还有别的适合生命存在的文明星球吗？人类是宇宙中独一无二的吗？“外星人”是否存在？千百年来人类一直在苦苦探索这些问题。

19 世纪 30 年代，曾出现过轰动一时的“月亮骗局”。事情发生在 1835 年 8 月，美国新创办的《纽约太阳报》为吸引读者、打开销路，聘请了英国作家洛克撰稿。洛克选择了英国天文学家约翰·赫歇耳正前往非洲南部的开普敦去观测研究南天星空这件事，杜撰了一个娓娓动听的从望远镜看到月亮上有理性生物的故事。结果许多人盲目地相信了这一重大新闻，人们奔走相告，该报一度成为当时最畅销的报纸。

事实上，如果想分辨清楚月面上 45 厘米大小的物体，光学望远镜的口径至少得有 570 米那么大，而人类至今也未造出这么大的望远镜。而且当时虽然还没有一位天文学家登上过月球，但由地面天文观测分析可知，月球是一个荒凉死寂的、无水和大气的世界。

月亮外星人

现代仍有一些人企图从月球上探寻什么智慧生命。

有人设想：月球很可能是一个可以居住外星人的空心体。当年阿波罗登月飞船落在月面的时刻，指令舱中的纪录仪纪录到长达 15 分钟的持续震荡波，学者认为，若月球是实心体，那么碰击后产生的震荡波至多持续 5 分钟。

通过对月岩标本的分析研究，发现其金属含量很大，其中铁等亲氧金属不发生氧化。据此有人宣称，月球可能是由外星人人工制造的一个空心体。

当然，这种设想终归是胡思乱想。并没有切实的证据。

生命的条件

从科学角度来说，行星上生命的发生和发展，必须满足一系列条件。

地球上有充足的水和含氧量高的空气，又有比较合适的温度。是其他行星无法比拟的。

水星的白天非常酷热，夜间却极端寒冷。厚厚的金星大气主要是二氧化碳，存在严酷的温室效应。火星虽说距离太阳不算太远，但气候异常寒冷，常有尘沙风暴，而且根本没有水。

宇宙飞船的空间探测表明，木星和土星上也没有任何生命存在。位于太阳系边远空域的三颗大行星是天王星、海王星和冥王星，根据各种观测，它们的环境也不适宜任何智慧生命存在。

到目前为止，所有的太阳系探测结果表明，尚未发现和证实哪里还有像地球这样适于智慧生命栖息的星球。

宇宙中除了人类之外的智慧生命究竟存不存在，到目前为止在科学上还没有直接的证据。过去人们不认为这是个科学的问题，因为它不能被证实也不能被否定。但是今天，随着人们对宇宙的了解加深，科学似乎有能力来回答这个问题了。不过，相信地外智慧生命的存在虽说合乎逻辑，但却是个大胆的科学假设。

全力搜寻

面对这个大胆而意义非凡的科学假设，许多科学家都始终没有停止努力。

“搜寻地外文明计划”用射电天文望远镜时时监听着来自宇宙的声音；“类地行星探索计划”把范围缩小到类地的行星（非地球类的智慧暂时找不到科学上的合理推测）；利用完成探测使命的宇宙飞船向宇宙播撒我们人类的“名片”；反过来，“搜寻地外文明物品计划”探寻可能的外星人在宇宙中留下的踪迹。

尽管艰难，科学的探索还是在渺茫的希望下进行着。可以说，即使最终并未发现外星人踪迹，这一过程还是会推动科学进步的。

探索还将继续

尽管探索地外文明和地外智慧生命是一个激动人心的课题，但迄今为止，对地外文明、地外智慧生物的所有实际探索，从未得到肯定的结果。

“没有找到证据，不等于找到了不存在的证据”。认知无穷无尽的宇宙，探索地外生命和地外文明，依然是更多的科学家们孜孜不倦、锲而不舍的强烈愿望。

据报道，按照一项计划，从本世纪末到2015年，美国将发射一系列探测器、观测器和轨道望远镜，对太阳系周围50 ~ 100光年的区域进行搜索，寻找类似地球的行星，以图发现地外生命。

无疑，在21世纪中，关于地外文明之争还会持续下去。人类也许能在下一个世纪里得出结论。也许，这种争论还会持续更久更久，而这种探索也必将持续更久更久……

37. 跟团去太空，太空旅游飞船帮你实现

市场潜力巨大

世界几大富翁已经成功地遨游了太空。在羡慕他们的同时，旅行的巨额花费也让许多普通人唏嘘不已。顺应市场需求，科学家们开始了对太空飞船的打造，以期尽早通过太空航班实现普通人小花费大冒险的梦想。

太空船模型亮相

太空船雏形的首次亮相是在2002年，在俄罗斯的“米亚西谢夫”实验机器制造厂。科学家们首次公开展示了与设计尺寸、外形完全相同的太

空旅游飞船样机模型。

一个是C－XXI号太空旅游飞船样机模型，另一个是负责运载飞船的M－55型高空运输机。其研制单位均为“米亚西谢夫”工厂。

C－XXI号飞船模型的机身为白色，机头、机尾和腹部全都是黑色。其外形与前苏联研制的“暴风雪”号航天飞机仿似，只是尺寸小很多。根据设计方案，C－XXI飞船长7.7米，翼展5.58米，高2.02米，重3.5吨。从飞船前部向后分别是座舱、控制系统舱和火箭发动机组件三部分。座舱前排有一个驾驶员座位，其后为两个游客座位。M－55型运输机长背部有一个水平放置的支架。

按照当时的设想，经过训练的游客、驾驶员进入座舱并密封舱门后，运输机起飞。C－XXI飞船能够飞至距地面101公里的高空作亚轨道飞行。旅行结束时，C－XXI飞船能像飞机一样用起落架着陆。整个旅行约持续1～1.5小时，其中失重的时间约为3分钟。如此一番旅行的价格为每人10万美元。

“太空船二号”

近期，英国维珍集团23日在纽约举行发布会，展示“太空船二号”模型。

“太空船二号”船体长18米，大小如同一架“猎鹰”公务飞机。两翼设有可移动的、如同翅膀般的稳定鳍，超轻且具有科幻色彩。船体尾部有火箭助推装置，为飞船挣脱地球引力提供动力。据称，这种设计使飞船更易于操控，着陆时更安全。另外，乘客舱室空间与大型公务飞机一个舱室不相上下。为了便于乘客欣赏外面景色，每个座位两边都设有一个直径约18英寸（约合0.45米）的窗口。

一同展示的“白骑士二号”。将在实际发射总把“太空船二号”带上1.5万米高空，然后将后者释放。“太空船二号”随后将依靠自身的助推装置进入太空。

太空船二号可搭载8人，航班可能每周一次，整个过程约两个半小时。当“太空船二号”飞入距地面约100千米的太空后，飞船内两名驾驶员与6名乘客将体验到长约4分钟的失重状态。飞船随后将重返大气层，降落在位于美国新墨西哥州的发射场。整个飞行过程持续约两个半小时。

价格有望一降再降

“太空船二号”预计今年试飞，2009 年开始商业飞行，有望成为世界第一艘商用太空船。票价每人 20 万美元，目前已有超过 200 人预订“船票”。

简短的太空之旅票价不菲，每名乘客将支付 20 万美元。全世界约 8.5 万人表达了乘坐“太空船二号”游太空的兴趣，200 多人已经预订。由于乘客很多，有可能航班会密集到每周一次。而且他们还推出了包机业务，价格为 176.4 万美元。

据项目负责人介绍，“太空船二号”已经完工 60%，“白色骑士二号”70%完工，太空旅游梦想不再遥远。如果一切顺利，太空旅游实施 5 年后，票价将大幅度降低。维珍集团说，他们可以在最初的 12 年内将 10 万名乘客送入太空。

一旦未来太空游真正实现商业化，不仅价格逐步降低给冒险者带来实惠，还可以间接促进航天技术快速发展。

安全是关键

对于众人关注的安全问题，设计者承认，太空旅游当然存在风险。他指出，太空旅游处于起始阶段，风险程度与上世纪二三十年代民航刚刚起步时差不多。

“太空船二号”去年 7 月进行陆地试验时发生发动机爆炸事故，造成 3 人死亡。这起事故让一些人对“太空船二号”的安全性产生疑问。设计者介绍说，事故对发动机测试造成一定影响。

太空游市场已经引爆

除了英国，美国和俄罗斯的公司也早已盯上了太空游这块肥肉。早在 1999 年 8 月，美国的“太空冒险”公司和俄罗斯“空间联盟”公司就开始合作开发“太空游”项目。2001 年 4 月，他们成功地将全球第一位自费太空旅行者、美国商人丹尼斯·蒂托送上国际空间站。迄今为止，“上过天”的 5 名大富豪都为自己短暂的行程支付了 2000 到 2500 万美元不等的巨额费用。

此外，总部设在西班牙的“银河套房酒店”公司则打算建造第一家“太空旅馆”，它共有22个房间，包括3间卧室。游客们在这里一天可看18次日出，80分钟便能绕地球一周，飘在宇宙中做美梦……这家旅馆预计在2012年开张，住宿三晚的费用约为400万美元。

相信在各国众多科学家的努力下，普通人将不再“难于上青天”。

38. 低温亚毫米电镜——“听”那来自其他文明世界的声音

国际空间站的新“眼睛”

自从人类对外星人是否存在提出了肯定假设以后，就有国家制定过通过低温亚毫米电镜搜寻外星人的计划。

俄罗斯认为在国际空间站装亚毫米波接收器是很可能的事情，而这一设备一旦安装成功，国际空间站的宇航员就能利用它“听”到来自另一个文明世界的声音。

根据媒体报道，俄罗斯科学家这次为国际空间站研制的这种“千里眼”亚毫米波接收器，也叫“低温亚毫米电镜”，它能探测到太赫频段的含有丰富信息的古老宇宙射线。

认识“千里眼”“顺风耳”

这种“低温亚毫米电镜”是一种能量超感接收器。它的关键部件——天线中央传感器是一个由普通金属制成的显微薄膜，长5微米、宽0.2微米、厚0.02微米。传感器两端通过超导导线与电极相连，在0.1K超低温条件下它能够接收到太赫频段宇宙射线。在这种射线的辐射作用下，传感器导电率会发生变化。为了发现并记录下这种微小变化，俄科学家模拟研制一种专门的具有增益和变电功能的芯片，能够把3×10^{-15}安培的微弱电流转变为可测量的，大小为几毫伏的电压，从而实现射线的捕捉和解读。

现有普通光学电镜的透视能力之所以相形见绌，主要是因为其自身感应能力弱（受自身感应频段束缚）。这主要表现在它的观测过程中，无法消除宇宙空间中不相关星体的干扰。因此它根本无法测到来自宇宙深处的射线。在新型太空电镜研究过程中，俄科学家认识到这个问题，把目光集中到太赫频段的“低温亚毫米电镜”开发上。这种电镜能够把宇宙中的星体分解成上万份。换句话说，电镜在透视过程中不会受其他不相关星球的干扰。俄罗斯科学家坚信：“低温亚毫米电镜”能够成为“千里眼”、“顺风耳”。

太空显威力

那么，为什么必须把“低温亚毫米电镜”安装到国际空间站上呢？原来，在地面上不可能捕捉到太赫频段的宇宙射线，它们在穿越大气层过程中就被热辐射给吞噬了，无法到达地面。因此，要把“低温亚毫米电镜”放在轨道高于大气层的国际空间站上，避开热辐射影响，在那里捕捉、研究来自深空的宇宙射线。专家说，捕捉到的射线的年龄可达上亿光年，它带有古老宇宙形成的信息。

等待探测的未来

这个伟大的构想令许多人激动不已。但目前除了存在一些技术环节的难题外，科学家们还面临着资金支持不足的问题。

但联合开展此项研究的几家单位向世界宣告，他们有足够的信心，在三五年的时间完成对“千里眼”的打造，并把它送上国际空间站，让它捕捉、纪录并解读人类至今仍在苦苦寻找的外星人的“声音”。俄科学家说，在新仪器的帮助下人类或许还可能会发现一些宇宙新物质。

39. “太阳帆”——借太阳之力进太空

风帆的启迪

人类很早就学会了制造帆，利用自然风这种免费而无限的动力来弥补划桨力量的不足。

对于正在探索宇宙的人类来说，现代飞船有限的化学燃料能提供的动力同样不是很有效，于是人们期待找到并利用宇宙中的某种免费动力来起到与风帆同样的推动作用。

太阳风首先进入科学家的视线，但是很快他们就发现了推动力比太阳风大 1000 多倍的太阳光。

太阳给了它力量

太阳帆——利用太阳光的光压进行宇宙航行的一种航天器。光压形成的推力在地球上看来是很小的，但在没有空气阻力的太空，这种小小的推力仍能为有足够帆面面积的太阳帆提供足够的加速度。

具体说，如果先用火箭把太阳帆送入低轨道，那么凭借太阳光压的加速度，它可以从低轨道升到高轨道，甚至加速到第二、第三宇宙速度，飞离地球，飞离太阳系。如果帆面直径为 300 米，可把 0.5 吨质量的航天器在 200 多天内送到火星；如果直径大到 2000 米，可使 5 吨质量的航天器飞出太阳系。

“宇宙一号”靠的就是它的光帆——非常轻而薄的聚酯薄膜，它们坚硬异常，表面上涂满了反射物质，使得它的反光性极佳，当太阳光照射到帆板上后，帆板将反射出光子，而光子也会对光帆产生反作用力，推动飞船前行。因此，光帆的直径越大，获得的推力也越大，速度也将越快，改变帆板与太阳的倾角还可以对速度进行调整。

同火箭和航天飞机迅速消耗完的燃料相比，太阳光是无限的动力之源，所以太阳帆有光就能飞。

越飞越远

科学家的太阳帆计划内容丰富，其中一项是发射在高纬度绕地球飞行的商业卫星和一项飞向水星的计划。承担这种任务的帆要求面积更大，密度更低。专家们认为，利用一个边长 100 米、密度为每平方米 10 克的帆提供动力，即可到达水星，而且速度比用火箭推进更快。

太阳帆还要向太阳系外侧飞行，主要目标是土星。同样，它到达那里要比火箭推进的探测器所用的时间少得多。

另据专家介绍，如果开发出边长 200 米、密度为每平方米 1 ~ 5 克的帆，许多远距离探测将成为可能。如果帆的密度降到每平方米 1.5 克，阳光在帆上产生的推力即可与太阳的引力相平衡。当航天器到达太阳极地上方时，即可长久地在此观察太阳的活动，这是迄今为止人类航天器从未到达的地点。如果将多个位于不同高度的航天器拍摄的太阳图像组合起来，就可以获得太阳的立体图形。

太阳帆的另一项任务是作为星际探测器，它将首次飞出太阳系，到达离太阳 200 个天文单位的地方（一个天文单位为地球到太阳的距离）。但要飞向更远的星际空间，就要穿过一个特殊地带。按照爱因斯坦的理论，每一个质量巨大的物体都可以成为一个引力透镜，使其后面的发光体发出的光线发生弯曲。在距太阳 550 个天文单位的距离，太阳的引力可使从遥远恒星发出的光汇聚并放大，如果将一个帆动力望远镜放在这一位置，就可以以前所未有的清晰度看到遥远的物体，如围绕银河系中心运行的恒星。

太阳帆航天器的最后一项任务是星际旅行。宇航专家们预测，未来的某一天，帆飞船将踏上飞往另一颗恒星的旅程。这将需要边长 1000 米、密度每平方米 0.1 克的帆。此外，还需要建造一个强力激光器或微波源，为飞船提供辅助能量。飞船将依靠绕地球轨道运行的、比太阳光强 6 倍的强力激光器和一个置于土星和海王星间的面积为得克萨斯州大小的巨型聚焦透镜提供能量。这样飞船即可在太空以 1/10 光速的速度飞行，在 40 年时间内即可到达距我们最近的阿尔法半人马座恒星。不过就目前来说，制造这样的激光器和透镜是很困难的。但这并不意味着 30 年、40 年或 50 年后仍是如此。到达阿尔法半人马座后，飞船将继续飞行，但那时候，为其提供动力的光就已经是来自另一颗恒星了。

太阳的能量是无穷的，人类的探索能力是无极限的。相信凭借太阳的力量，太阳帆能够完成人类为它准备的一个又一个飞行探测任务。

40. 宇宙机器人——太空中的超级修理工

不可能的任务

开发和利用太空的前景无限美好，可是恶劣的空间环境给人类在太空的生存活动带来了巨大的威胁。要使人类在太空停留，需要有庞大而复杂的环境控制系统、生命保障系统、物质补给系统、救生系统等，这些系统的耗资十分巨大。

在未来的空间活动中，将有大量的空间加工，空间生产，空间装配，空间科学实验和空间维修等工作要做，这样大量的工作是不可能仅仅只靠宇航员去完成，还必须充分利用空间机器人。

各种任务

空间机器人主要从事的工作有许多种。

它们可以进行空间建筑与装配的工作，一些大型的安装部件。比如，无线电天线，太阳能电池，各个舱段的组装等舱外活动都离不开空间机器人，机器人将承担各种搬运，各构件之间的连接紧固，有毒或危险品的处理等任务。在不久的将来，人造空间站初期建造一半以上的工作都将由机器人完成。

空间机器人还可以进行卫星和其他航天器的维护与修理。随着人类在太空活动的不断发展，人类在太空的“财产”也越来越多，在这些财产中人造卫星占了绝大多数。如果这些卫星一旦发生故障，丢弃它们再发射新的卫星就很不经济，必须设法修理后使它们重新发挥作用。但是如果派宇航员去修理，又牵涉到舱外活动的问题，而且由于航天器在太空中，是处于强烈宇宙辐射的环境之下，人根本无法执行任务，所以只能依靠机器人。空间机器人所进行的维护和修理工作有回收失灵卫星、对故障卫星进行就地修理、为空间飞行器补给物资等。

空间机器人还能够进行空间生产和科学实验。宇宙空间为人类提供了地面上无法实现的微重力和高真空环境，利用这一环境可以生产出地面上无法或难以生产出的产品。在太空中还可以进行地面上不能做的科学实验。和空间装配，空间修理不同，空间生产和科学实验主要在舱内环境里进行，操作内容多半是重复性动作，在多数情况下，宇航员可以直接检查和控制。这时候的空间机器人如同工作在地面的工厂里的生产线上一样。因此，可以采用的机器人多是通用型多功能机器人。

广泛的用途

空间环境和地面环境差别很大，空间机器人工作在微重力，高真空，超低温，强辐射，照明差的环境中，因此，空间机器人与地面机器人的要求也必然不相同，有它自身的特点。首先，空间机器人的体积比较小，重量比较轻，抗干扰能力比较强。其次，空间机器人的智能程度比较高，功能比较全。空间机器人消耗的能量要尽可能小，工作寿命要尽可能长，而且由于是工作在太空这一特殊的环境之下，对它的可靠性要求也比较高。

空间机器人在保证空间活动的安全性，提高生产效率和经济效益，扩大空间站的作用等方面都将发挥巨大的作用。

41. 撞击地球的“危险分子”

来自地外的威胁

由于人类自身对地球环境的破坏，已造成一系列严重的问题，如温室效应、臭氧层空洞及各种污染，这些全球环境问题已逐步引起各国政府的高度重视。然而，我们生存的这颗星球不仅受到人类自身对环境的破坏，而且还面临着来自外太空的威胁，这就是小行星和彗星对地球的撞击。

地球在历史上遭受过频繁的小行星撞击，地球表面残存的 100 多个大型撞击坑就是证据。

小行星撞击地球是世界上四大突发巨大灾难之一。研究证明，直径大于 1000 米的小行星，撞击地球的能量相当于几百倍全地球核武库的核弹爆炸的能量。它撞击地球，会诱发地球气候、生态与环境的剧烈灾变，导致地球上许多物种的灭绝。地球历史上的多次生物灭绝事件都是由小天体撞击诱发的。

曾经的偷袭

本世纪，这些小天体就至少两次轻轻地敲响了地球的大门。

1908 年 6 月 30 日清晨 7 时 17 分，一颗比太阳更耀眼的大火球在俄国西伯利亚通古斯上空 8 公里处爆炸，其爆炸当量相当于 600 ~ 1000 颗广岛原子弹（但无明显的放射性辐射），其强大的冲击波与高温大火摧毁了 2000 平方公里的古老森林，研究与计算表明它是由一颗直径仅 60 米的小行星与地球相撞产生的。假若这颗小行星晚 4 个多小时落下，圣彼得堡就可能受到致命的打击，假若今天它落在世界某个大城市上空，其损失将高达几千亿美元以及危及几十万乃至上百万人的生命。这样大小的近地小天体，平均每 200 年与地球相撞一次（非周期性）。

1972 年 8 月 10 日白天，一颗火球飞越美国加州和加拿大西部上空后离开了地球，不少目击者耳闻它从 58 公里上空传来的隆隆声响，美国的空间红外探测器记录了这一事件。研究表明，它是一颗直径约为 10 米、质量为几千吨的小行星，飞行速度为每秒 15 公里，假如落下来，其爆炸当量相当于 2 ～ 3 颗广岛原子弹。这颗小行星简直是擦着地球鼻尖掠过。

更具重量级的威胁

上述事件仅是较小质量小行星产生的局部地区效应，而对人类危害甚大的却是质量较大的小行星，现在的研究表明，直径两公里左右的石质小行星与地球相撞时会引起全球效应，其爆炸释放出的能量高达约 1 万亿吨 TNT，相当于上述事件的 5 万倍以上。它除了直接摧毁 100 万平方公里地区以外，还将大量的亚微米微尘抛向同温层，这个全球性厚尘埃层将阻断植物的光合作用，形成类似核冬天的“星击之冬”，从而造成全球性粮食大幅度减产，引发大范围饥荒和疾病流行，估计损失将高达 200 万亿美元，并危及全球四分之一人口的生命。

这一量级的碰撞事件平均 50 万年发生一次。有一些学者的研究表明，直径 1 公里的石质小行星就可能触发全球效应，这样的碰撞事件平均每 10 万年发生一次。全球效应的后果是其他自然灾害（如地震、气象灾害等）所无法相比的。

小行星或彗星击中地球的地点与地域无关，因此，每一个区域都面临同样的几率，尤其是直径 1 ～ 2 公里以上的小行星或彗星，击中地球所产生的“星击之冬”全球效应将使每一个地区都遭受到严重的破坏。

各项措施防突袭

小行星撞击地球问题已成为国际性的热点课题。面对威胁，我们应有清醒的认识和科学的估计，并认真对待，做好充分的思想准备。搜索、发现新的近地小天体及长周期彗星，并验证、跟踪、测算出它们精确的运行轨道，以及它们有无可能与地球碰撞。对小行星来袭有及时与慎重的预警。

还要协调各部门、各相关学科的协作研究。研究近地小天体的物理、化学和力学性质，研究同质量的近地小天体与地球碰撞频率，及其有无周期性涨落。

另外要加强国际间的合作与交流。

威胁可以消除

人类是否有能力避免小天体对地球的碰撞？答案是肯定的，科学技术的飞速发展，人类完全有办法避免小天体撞击地球。但必须投入足够的力量，使地球成为一颗设防的星球。

为了有效防止小行星撞击地球，全球已经建立了近地小行星观测网和空间警戒搜索网，通过测定小行星精确的运行轨道，人类可以提早发射巡航飞船将小型核爆炸装置运上这颗小天体上引爆，改变其运动方向或速度，就可避免碰撞事件。

总之，今天人类的智慧毕竟远远高于 6500 万年前的恐龙，人类的未来终究取决于人类自身的努力。

42. 在月球上建液体望远镜

梦中的想法

在月球上建立太空望远镜是天文学家长久以来的梦想，因为在没有大气和人为干扰的月面环境下，望远镜能更好地捕捉到宇宙深处恒星的微弱光线。不过，通常情况下，对望远镜镜片精确度的要求很高，成本昂贵，而且即使造成，还有如何把它搬运到月球上去的问题。

牛顿的启发

近日，一组国际知名天文学家和光学家宣称，他们或许已经找到了在月球上建造“大得令人难以置信”的望远镜的“很简单”的方法。根据

很久以前牛顿的说法，置于转速恒定的浅容器中的任何液体，都会自然形成抛物面形状——这与望远镜镜面将星光汇聚到焦点所需的形状是一样的。对于建造巨型月球望远镜来说，这可能就是关键之所在。这一点终于被我们的科学家们捕捉到了。要知道，在地球上，只要保证盛液体的容器严格地处于水平状态，并置于一个由转速稳定的同步电机带动的低震动、低空气阻尼机构上，就可以制造出液面非常完美的液体望远镜。旋转速度无需很快。科学家在实验室中已经制造出了直径为 4 米的液体望远镜，其转速大约为每小时 5 千米，和人快步行走的速度差不多。在月球的低重力环境下，液体望远镜的旋转速度可以更慢。 现在地球上的大多数液体望远镜都使用水银。水银在室温下为液态，可以反射大约 75％的入射光，效果几乎和银一样好。目前世界上最大的液体望远镜是加拿大不列颠哥伦比亚大学的“大型天顶望远镜”，直径为 6 米，建成于 2005 年，造价不到 100 万美元，只相当于一架同样直径的固体望远镜造价的百分之几。事实上，成本低廉正是促使科学家下决心建造月球液体望远镜的最大动因。

寻找适合的液体

但是，使用水银建造月球液体望远镜却是行不通的，因为水银的密度很大，使得发射载荷太大，而且水银还很昂贵。更重要的是，水银在月面的真空环境中会很快蒸发。近年来，科学家一直在尝试用被称为“离子液体”的有机化合物代替水银来制作液体望远镜。

所谓离子液体，基本上就是融解的盐，其蒸发率几乎为零，即便在月面的真空下也不会蒸发。此外，离子液体在极低的温度下也能保持液态。目前，科学家还在设法合成能在液氮温度下保持液态的离子液体。离子液体的密度比水银低得多，比水略大。尽管离子液体本身的反射率不高，但却可以在离子液体望远镜的表面形成一层超薄的银，厚度仅为 50 ～ 100 纳米（1 纳米等于 10 亿分之一米），如此薄的厚度实际上使银固化了。在太空的真空环境中，具有极薄银层的液体望远镜既不会蒸发，也不会生锈。如此一来，液体望远镜不就成了“固体望远镜”。

倾斜的方案

为了保持液体镜面的形状，现在的液体望远镜还只能水平放置，否则液体就会流出来。这是否意味着液体望远镜不能调整方向？实际上，科学家已经提出了几种使液体望远镜能够倾斜的方案，比如在液体望远镜的上方悬浮二级固体望远镜，又比如让液体望远镜的镜面本身略微弯曲。这些方法听起来匪夷所思，但类似技术已被应用于波多黎各阿雷希伯射电望远镜。

轻便的身材

相对于传统望远镜，总是往上看的液体望远镜省去了承重支架、齿轮及指向控制系统等，因而大大简化了制造，重量也大为减轻。液体望远镜所需的只有液体容器（或许是雨伞状的，能自行展开），外加几乎无摩擦的超导轴承及其驱动电机。据估计，建造一部直径 20 米的月球液体望远镜所需的全部材料只有几吨重，对于美国宇航局计划在 21 世纪 20 年代发射的“阿雷斯 5 号”系列飞船来说，往月球飞一次就足以运送这些材料了。

诱人的观测前景

未来的月球液体望远镜的直径有可能达到 100 米，也就是比一个足球场还大。如此巨大的望远镜，可以一直回望到宇宙的年轻时期，即大约 50 亿年前，那时第一批恒星和星系正在形成。或许还会发现一些意想不到的天体。这真激动人心！

只要望远镜不被放置在地球或月球的极点，那么地球或月球每自转一次，望远镜就会随之扫描天空中的一个环带。月球的自转轴以 18.6 年的周期发生摆动，因此，月球望远镜实际上能观测一大片天空。

假设将大型液体望远镜放置在月球极地附近，那将是更为诱人的观测。把望远镜放置在一个永久无光照的陨击坑的底部附近，那里的温度很低，对于红外（热量）天文学观测来说很理想。当然，还需要在永久有光照的附近山顶上架设太阳能电池板，为望远镜旋转提供能量。

科学家指出，“在月球上架设巨型望远镜”这一科幻理念，也许很快就能成为现实！

43. 地球膨胀太阳帮我们搬新家

地球并非久留之地

地球作为人类美好家园的使命终会结束。当然，那并不是由于我们人类对地球的各种破坏作用。就算我们自己不毒害（污染）环境，也不加热地球（加剧全球变暖），随着时间的推移，这颗生命之星也一样会毫不留情地走向末日。原因很简单——太阳一直在出小小的问题。 据推测，大概再过 11 亿年，太阳的亮度将增加 11%，地球表面温度升高到大约 50℃，海洋将在无需沸腾的情况下蒸发。而随着太阳内核的氢不断燃烧，太阳正在缓慢升温。大约 50 亿年后，太阳将演变成一颗肿胀的红巨星。再过 20 亿年，太阳的大小和亮度都将达到最大值，到那时太阳的气体外壳将肿胀到足以吞没整个地球。除了古菌这样的一些单细胞生物意外，其他的动植物是很难挺过如此严酷的环境变迁的。

另外，在此之后没过多久，一旦水蒸气都进入大气层，来自于太阳的紫外线就会撕裂水分子，构筑生命细胞所需的氢从此将逐渐逃离地球，进入太空。

那么，当 50 亿年后地球人面临因太阳膨胀带来的巨大危机时，该作何打算呢？显然，假如人类（或者人类之后地球上演化出的其他智能生命形式）那时候若想活下去，就不得不移民他乡。但是，该向哪里移民，又该怎样移民呢？

移民难处大

早在 1930 年，英国科幻小说家奥拉夫 · 斯塔普雷顿就描述了一种可能的未来场景：当地球最终变得不可居住时，我们的后代首先逃到金星，然后再逃到海王星。

著名科学家斯蒂芬·霍金也设想在月球或其他行星上建立移民定居点，用以接纳需要逃离灭顶之灾的地球人。选择什么逃亡工具呢？点燃火箭，让它送载人飞船前往其他行星是最容易想到的方法。然而，要想撤离全部67亿地球人，就需要发射10亿架次航天飞机。就算每天发射1000架次，也需要2700年才能移走全部的地球人口。

接下来还有如何照顾抵达新家园的人们的问题。因为不管把人移到地球之外的哪一颗行星，都必须对这颗行星进行地球化改造，以提供食物、水和氧来支撑人类定居点。既然这么麻烦，那么能不能干脆找一个适合人类生存的星球把整个地球(以及地球上的所有人和自然资源)移过去呢？

移动行星同时身为科幻小说家和物理学家的斯坦利－施密特曾经描绘了这样的情景：外星人在地球南极发射巨型火箭，从而移动地球。

物理学基本定律也告诉我们：移动行星并非不可能。例如，地球上每发射一枚火箭至太空，就会把地球朝相反方向推出一点点，就像打枪时枪会回退一样。

于是一些天文学家开始考虑移动行星的问题，正当一筹莫展的时候，一些科学家突然想到了另一个问题：与其移动行星，倒不如移动地球，使它不至于被升温的太阳烤焦。

移动地球的设想

要想把地球移到如此距离的环形轨道中，就需要将地球的轨道能量增加30%。科学家认为，这在理论上是可行的，只需改变太阳系外围冰质天体的轨道，让它们近距离经过地球，从而将它们的部分轨道能量传输给地球即可。这些冰质天体因为远离太阳，轨道能量相对较低，只需利用使近地小行星偏离地球的方法就能让冰质天体改变轨道。如果只需作轻微改变，就让飞船靠近冰质天体，用引力将其拖离轨道；如果需要猛烈移动，就要使用质量驱动机，它能挖掘冰质天体，让天体喷出物质，从而反向推动目标天体。接下来，就要细微调整目标天体的轨道，方法是：发射相关设备到目标天体上，气化天体表面材料，喷射冰气流，从而让目标天体向太阳系中心移动。

在100万颗目标天体如此近距离经过地球之后，目的即可实现。我们可以平衡安排，每1000年～6000年制造这样的一次近距离经过。至于是

1000年、2000年还是多久，则取决于我们希望地球在何时进入火星轨道：是在太阳开始蒸发地球海洋之前，还是等到太阳进入红巨星阶段之后？幸运的是，如果能让这些目标天体同时环绕木星和地球运行，它们就能被重复使用——让它们截取木星的能量，然后传输给地球。

科技在幻想中进步

不仅如此，就算真有了这样的技术手段，干预行星运行轨道的后果也可能非常可怕。事实上，行星轨道跟相邻天体的引力拉动密切相关，一旦移动地球，太阳系其他内行星的轨道都将受到影响，其潜在的后果既无法预测，又十分危险。计算表明，假如这种移动破坏了水星的稳定性，整个内太阳系部将陷入一片混乱，根本无法控制。难怪有科学家指出，除非别无其他选择，我们决不能干预行星的运动。目前，移动地球或其他天体说到底都还只是停留于科学幻想阶段。但科技就是这样，想得出才可能做得到，不是吗？

44. 太阳系的多米诺反应

未来的轨道混沌

英国《自然》发表的一项最新研究称，一种叫做“轨道混沌”的力量可能致使地球与金星、火星等相撞，从而引发太阳系混乱。但这种混乱出现几率极低，且至少是在35亿年后。该杂志甚至绘制了地球与金星相撞的模拟图。

我们关心的是，水星撞火星，火星又撞地球，然后是整个太阳系的轨道混沌，难道最新研究所说的这种可怕的情景真的会出现吗？

广义的研究

据科学家解释，是否出现轨道混沌的关键取决于太阳系内距离太阳最近的星球——水星。

巴黎检测中心研究员雅克·拉斯卡尔和同事米卡埃尔·加斯蒂内奥使用计算机数字模拟技术，对未来50亿年太阳系星球轨道的不稳定性展开了模拟实验。

与先前研究不同，拉斯卡尔和加斯蒂内奥在这一实验中应用了阿尔伯特·爱因斯坦的广义相对论理论。在以往的天文研究中，天文学家能够准确估算未来数百年、数千年太阳系的发展状况。但像这样推算更长时间太阳系发展情况的实验尚属首次。

拉斯卡尔发现，较短时间内，实验所得结果与先前类似，但进入较长时间段，轨道会出现重大变化。不过，研究同时发现，即使出现混乱，也在35亿年之后。99%情况下，太阳系内行星将持续现行运转规律50亿年，相当于太阳已知存在时间。

水星是关键

研究者说，太阳系的这种多米诺反应是否会出现，关键取决于水星。一旦发生预测中的轨道混沌，导火索肯定是水星。因为它的体积是最小的，所以它将最先成为不稳定的行星。

另外，水星轨道还有可能和木星轨道发生共振，致使水星更加失去平衡。如果发生这种情况，木星产生的角动量将对太阳系内其他行星轨道产生影响。

对于一个绕定点转动的物体而言，它的角动量等于质量乘以速度，再乘以该物体与定点的距离。

也就是说，根据模拟实验显示，水星虽然在太阳系行星中体积最小，却对现行秩序起到最严重威胁。

两星相撞玉石俱焚

拉斯卡尔和加斯蒂内奥进行了2501次实验，发现其中的25次实验中，模拟太阳系出现了混乱。

拉斯卡尔说，其中一次实验中，火星和地球最近距离仅794公里，“它们几乎擦肩而过”。

“当距离如此近时，几乎相当于一次碰撞，”拉斯卡尔说，“两颗星球都会粉碎。”

他说，这种情况下，即便生命体依旧在地球上存在，也将因两颗星球碰撞而毁灭。

为得出更为准确结论，拉斯卡尔和加斯蒂内奥又加做200次相同实验，每次略微修改火星轨道数据。

其中5次，包括火星、太阳、地球、水星和金星在内太阳系星体发生碰撞。1/4实验结果显示，地球均被撞毁。

根据专家拉斯卡尔所说，假如确实发生这种相撞，太阳可能会扩张成为一团巨大的红色物质，将地球等系内所有的行星全部吞没。

45. 深空轨道飞船

随着人类太空科学的日益进步，宇宙飞船作为一项连接地球与太空的交通工具早已由科幻作品走入了现实。

从定义上看，宇宙飞船是一种运送航天员、货物到达太空并安全返回的一次性使用的航天器。它能基本保证航天员在太空短期生活并进行一定的工作。它的运行时间一般是几天到半个月，一般乘2或3名航天员。为了保证航天员的安全，提高航天员在太空的探测工作质量，我们就必须在提高宇宙飞船科技含量上面下工夫。

一项深空轨道飞船开发计划由俄罗斯科学家在最近几年提出。据了解，宇航员利用这种飞船可以在太阳系内某行星很近的轨道上，操纵在该行星上着陆的探测机器人，灵活机动地完成任务。

计划中的多任务

根据负责该项目的两名俄罗斯科学家介绍，按照这项计划，运载火箭将把庞大的轨道飞船的各构件分别送入地球轨道，待飞船的各构件分别送入地球轨道，飞船级装完毕后，宇航员将驾驶驶入距太阳系某行星约1万公里的轨道，施放探测机器人在行星上着陆。之后宇航员便可通过指令操纵机器入进行各种研究。此外，利用这种飞船还可以密切跟踪可能对地球造成威胁的小行星，必要时可采取措施必变其飞行轨道。

带有植物园

根据预先的设计，这种飞船将配备循环生命保障系统。该系统为每名宇航员保留30平方米的“种植园”，园内植物既可供人食用，又能使飞船 内的空气和水被循环使用。研究人员对循环生命保障系统进行了测试，已经有志愿宇航员在该系统内成功地生活了近两年。

更安全更灵活

科学家指出，进行深空探测会遇到两个问题：一个是某些行星表面引力极大，人类无法在这种环境下活动。第二个是在行星表面着陆的机器人虽然可受地球控制中心操纵，但由于相距遥远，一旦发生紧急情况，工作人员无法在短时间内使机器人作出反应。比如，地球控制中心人员向在火星着陆的机器人发出信号后，须等待40分钟才能收到反馈信息。

而利用深空轨道飞船控制探测机器人，既能使人免于险境，又可使人与机器人之间的信息交流时间间隔大大缩短，提高机器人的机动灵活性。

三、环境科学

46. 国宝粪便也宝贝

大熊猫是我国的国宝，这个大家都知道。可国宝的粪便也是宝贝，这你恐怕不知道吧？

粪便纪念品

大熊猫是一种有着独特黑白相间毛色的活泼动物。它体型肥硕似熊且憨态可掬，深得世界各地人们的喜爱。正是看中这一点，人们开发了以熊猫粪便为原料的纪念品。

熊猫粪便纪念品的制作首先要对粪便的纤维进行过滤，然后高温烘干杀菌、蒸煮人工配料、入槽漂捞，粉碎后通过凉板晾干成型，一般做成一件纪念品需要 12 道工序。处理过的熊猫粪便纪念品不会腐烂和变形，可以长期保存。飘着淡淡竹香的熊猫粪便纪念品轻而易举地征服了众多熊猫粉丝的心。

造再生纸

香港海洋公园学院在暑假为儿童推出一系列新课程，其中一个最为引人注目的课程就是利用大熊猫粪便造纸。

海洋公园学院的老师们把经过消毒的大熊猫粪便用水稀释，然后同稀释的纸浆一同在容器中搅拌，接着用筛子把混合物滤出晾干，一张能写能画、散发着竹叶清香的环保纸就造好了。

这项课程不仅可以加深人们对大熊猫的了解和热爱，还培养了孩子们的动手能力，更增强了孩子们的环保意识。

分解垃圾

面对垃圾泛滥成灾的状况，世界各国的专家们都在绞尽脑汁思考最彻底的垃圾处理方法。

但我们都知道，城市垃圾中能够直接回收利用的部分大都通过“收破烂儿”的进入了二次加工利用的程序当中，实质留下需要处理的多是厨房垃圾。而这类垃圾往往是最难分解的。类似混有麦麸、豆腐渣等的垃圾，一般的常用细菌很难对其进行高效率的分解。这个问题科学家们一直苦于解决。

熊猫的主食是硬邦邦的竹子，但从没有谁见过熊猫出现消化不良，这一点引起了研究人员的兴趣。日本北里大学田口文章等人猜测，是不是它们的肠道里有一些能高效地分解植物的微生物。

他们选择通过相关实验来寻找答案。研究者们从动物园要来了满满一桶熊猫粪便。然后开始他们的实验。经过一系列分析，他们最终发现，熊猫粪便里面含有一些能高效分解厨房垃圾的细菌。若用这些细菌处理类似麦麸、豆腐渣等现有处理设备难以分解的食品废弃物，分解率完全能够达到 95% 以上。

日本的研究者们从熊猫粪便中分离出约 270 种微生物。按照这些微生物对油、蛋白质、糖的不同分解能力，挑选出 40 种相对高效的。再从中挑出反应速度快并且在 70℃以上也能增殖的 5 种细菌。

他们将这些细菌放入目前市场上出售的普通厨房垃圾处理机，让其增殖。17 周后，再向处理机中投入 70 ~ 100 公斤烂菜叶等厨房垃圾。一段时间后，这些垃圾的 95% ~ 97% 都被分解成了水和二氧化碳，剩余的渣滓不到 3 公斤。对混有麦麸、豆腐渣等的垃圾的分解率也超过 95%，而此类垃圾用常用细菌很难分解。

目前日本全国每年产生 200 万吨麦麸，70 万吨豆腐渣。能加工成食品和饲料的只是很少一部分，如何处理这些废弃物一直是个难题。毫无疑问，国宝熊猫的粪便这次可帮了他们大忙。

熊猫粪便的实验给了研究者们在厨房垃圾的处理技术上面很重要的启示。相信很快他们就能够制造出类似熊猫粪便含有的强力分解细菌，在处理“难缠”垃圾方面大显身手。

47. 蚯蚓吞垃圾环保新方法

被垃圾包围的城市

我国的垃圾处理迫在眉睫。据统计，全国 380 多座城市中，有三分之二已陷于垃圾山的重围。

我国城市生活垃圾主要有以下几大类：纸、塑料、布、橡胶、木料、金属、石砂及厨房垃圾（包括炉灰和残剩的动植物等），而这些生活垃圾中的有用之物多被拾破烂者捡出换钱了，剩下的主要是不能换钱的厨房垃圾和少量不好收集的碎纸塑料等。所以，最终需要处理的城市垃圾主要是厨房垃圾。

在目前的技术条件下，我国城市垃圾有 81.5% 可得到处理，其中主要是以卫生填埋为主，再辅以堆肥和焚烧。这几种垃圾处理方法都存在着一定的弊端。卫生填埋法占地大、投资大，建一个卫生填埋厂一般前期投资在两亿元以上，而使用期仅十四年左右；焚烧法虽可烧垃圾发电，但投入的资金更大，且产生的大量 " 二恶英 " 等毒气严重污染大气；堆肥法虽具有资源化、无污染等特点，但兴建成本也相当高昂，如一个日处理 400 吨有机垃圾的堆肥厂投资动辄就上亿元。

成功的尝试

让蚯蚓来处理垃圾绝对是一个环保的好方法。这并非突发奇想， 从 21 世纪 70 年代开始，人们就展开了用蚯蚓处理垃圾的研究，澳大利亚人在 2000 年的悉尼奥运会上也成功地做到了这一点。160 万条蚯蚓曾为奥运村的垃圾处理立下了汗马功劳。悉尼还动用数千万条蚯蚓清除全城垃圾，再将垃圾转化为高质量的肥料。

美国 1982 年建立的一个蚯蚓养殖厂，可处理 100 万城市人口的城市生活垃圾；加拿大 1985 年建立的一个蚯蚓饲养厂，每周可处理 75 万吨城市垃圾；日本的许多家庭都利用蚯蚓来消灭每日产生的生活垃圾。

环保化与资源化并举

蚯蚓可大量吞食垃圾中的有机物，如饭菜、纸张等。一个 3 口之家一天产生的生活垃圾，几千条成年蚯蚓可将其全部“消耗”。蚯蚓吃垃圾的同时会产生无味、无害、高效的多功能生物肥料。蚓肥用于花卉，可明显延长花期，使花更鲜艳；用于果蔬生产，不仅可提高产量，而且可提高品质和贮藏时间。

通过蚯蚓吞食分解垃圾中的有机质，城市产生的大量生活垃圾将轻而易举地被“消化”掉 90%以上。而且蚯蚓吃过的蚓粪是优质的生物有机肥，从而实现垃圾的资源化。可谓是一举两得。

小蚯蚓大产业

在国内，对适宜处理生活垃圾的蚯蚓种“太平 2 号”的全面研究已经有 20 多年的历史，一些成果已经经过国家鉴定验收。

尽快实现蚯蚓处理垃圾的产业化，是大量城市生活垃圾实现半数回收利用目标的必经之路。

环保专家就蚯蚓处理垃圾产业化问题，以一个日处理 400 吨的工厂为例，详细算了一笔账：建厂期间项目总投资约为 2400 万元，工厂运营期支出约 580 余万元；工厂每年收入：政府每年所给垃圾处理补贴，以每吨 40 元计，约为 580 余万元；销售蚓粪收入 40 万元；销售活蚯蚓收入 10 万元。每年收入总计为 630 余万元。

专家据此非常乐观地估计，建造一个蚯蚓处理垃圾的工厂每年赢利可达 50 ~ 100 万元。建厂投资 10 年可收回全部成本，并可解决 100 人的就业问题

利用蚯蚓处理垃圾，在处理厂周围还可以附带发展蚯蚓产业链，如蚯蚓养殖业；蚯蚓精细化工：包括制药、化妆品、保健品工业；蚯蚓肥料深加工工业：包括长效有机肥，草坪肥，花卉专用肥，叶面肥及农药等；蚯蚓蛋白饲料深加工工业：人用蛋白质食品添加剂工业；蚯蚓制品相关的种植业养殖业等；蚯蚓处理城市生活垃圾副产物再生工厂；蚯蚓综合开发研究中心。

另外，中国是农业大国，在绿色环保农业成为发展方向的今天，有机肥料市场前景广阔，蚓粪作为基料，可以复配成各种长效、速效肥料。这是一项潜力极大的产业，政府应极力扶植。蚯蚓产业链、环卫资源产业犹如庞大远洋舰船编队，在高新技术产业领域，成为经济增长的新亮点，在国民经济中创下新高绝不是虚妄之言。

解决问题造福未来

当然，利用蚯蚓处理城市垃圾，在我国还是一个新生事物，有许多问题还有待于我们进一步研究解决。就目前的情况来看，最突出的是解决蚯蚓大规模处理垃圾所需要的配套工艺。在垃圾的预处理阶段，需要有一定的垃圾堆放场所和运输工具。为了减轻劳动强度，提高工作效率，还需要一定的机械、设备及工具。

相信在不久的将来，这些问题都会得到有利的解决。到那时，蚯蚓处理垃圾就能够配合其他技术在城市建设中形成良性循环的生态系统。我们的城市环境也必将更将美好。

48. 微生物厕所显环保神威

环保生活呼唤新型厕所

吃、喝、拉、撒、睡是任何一个人都不可省略的基本生活内容。这其中“拉”的问题跟环保息息相关。处理好“拉”的问题在现在的环保风大行其道的新世纪更是迫在眉睫。

我们都知道，传统的厕所主要靠水冲洗，然后再通过设置在地下的三格化粪池对粪便进行发酵分解处理，这不但处理时间长，需 30 天以上，而且在发酵过程中会产生氨气和二氧化碳，影响周边空气质量。一个五蹲位的公共厕所一年需冲洗水 2000 吨。

随着世界各国人们环保意识的增强，科学家们对环保科技新产品的研发脚步也越来越快了。这其中，环保厕所作为绿色生活中不可缺少的一部分，越来越受到人们的重视，人们希望拥有节能环保、无污染的厕所。因此，开发新型的环保厕所势在必行，并有极大的发展空间。

鉴于此，各国科学家都对新型厕所的研发投入了巨大的精力。经过多年潜心研制与投入，一种免水冲、不排放、无污染的生物环保厕所终于成功与世人见面了。微生物生态环保厕所的闪亮登场标志着公厕在无害化的微生物处理领域取得了革命性成果。

优点大大的

这种新型微生物厕所的技术与工艺水平都处于国内领先、国际先进水平。它从各个方面迎合了社会的需求。

据介绍，它能直接将人的排泄物及生活垃圾通过微生物降解进行彻底消化。“聪明厕所”里的复合活性菌泥可以将粪便分解、消化，将其转化成沼气、二氧化碳和水，然后消毒灭菌，最后作为粪便循环冲洗水被再次利用。免水冲、无污染。可以说，这是它们最引人注目的“聪明”之处。

而且，这种厕所具有非常好的经济效益。因为它无需水冲，所以与一座两个蹲位的普通水冲公厕相比，一座厕所一年就能够节省水资源 1000 余吨，这些水可提供 10 平方米以上绿化面积的灌溉。而且它每年可节约清运、处理等费用 10000 余元。另外，它附带的管理间，还可以安排一名下岗工人。在创收的同时还带动了就业。

另外，这种厕所体积小，安装简便，可以随处安放，不受场地的限制。这极大地满足了城市建设对公厕灵活性的需求。可应用于广大城镇、风景名胜区、城市广场、公园、居住小区、车站、港口等。

难得的是，这种公厕的外观设计也脱离了传统厕所的死板印象，颇具景观效应，可提升城市、旅游景区文明、环保形象。尤其适合旅游胜地推广采用。

最后要说的是这种新型厕所的最大好处——免除污染。一个人每天排出的排泄物可污染 10 吨清洁的水体，一座普通厕所一天以 100 人计，可污染 1000 吨清洁水，用此环保厕所，一年可至少少污染 36 万吨清洁水。经厕所处理留下的固化物仅占整个粪便固化物的 2%，一般只需 6 个月清理一次。

与信息科技联手

该环保厕所可以采用电脑来“打扫清理”，电脑按照固定程序进行自动化管理，还可通过联网进行远程监控。

据介绍，第一座“聪明厕所”被命名为“诸葛明庐”号，既取其“聪明”之意，还给厕所赋予了一种文化内涵。“聪明厕所”的最独特之处在于它符合了网络时代的潮流，任何人都可以在网上查看“聪明厕所”的内部情况，在“聪明厕所”的控制室里，有一个网络端口，只要将其端口接到电话上，就可以知道厕所里是否有人、工作状态是否正常。

环保生活从厕所开始

在环保理念的感召下，环保科技不断推出新产品。从蚯蚓处理垃圾到“聪明厕所”，在科技的力量下，我们生活的各个方面都在逐步迈向清洁、无污染。

不是每个人都是科学家，都能够用科技之力改造生活。但我们同住地球村，我们有责任也有义务在享受科技环保成果的同时，从小事做起，譬如做好垃圾的分类丢弃。相信美好家园会在大家的共同努力之下离我们近一点更近一点。

49. 细菌清洁剂——小细菌清洁大河道

污水难治

每天清晨我们都可以看到环卫工人劳作的身影，原本脏兮兮的路面在他们那一双勤劳的手和灵活的工具下很容易就变清洁了。可是，再看看我们的护城河，漂浮物可以由清洁船打捞上来，可要想把浑水变清，把恶臭驱散好像就不是那么容易了。

近年来，我国污水处理厂建设取得飞速发展，截至 2008 年 7 月全国运营污水处理厂达到 1500 座。但是因为管网配套不够完善、运营费用不足等原因，部分污水处理厂处在闲置状态。据中国水网调查显示，2007 年全国城市污水处理设施平均利用率为 60.32%。

几种处理方法

污水、废水的处理方法可按其作用方式分为四大类，即物理处理法、化学处理法、物理化学法和生物处理法。

物理处理法，顾名思义就是通过物理作用来处理污水，以分离、回收废水中不溶解的呈悬浮状态污染物质（包括油膜和油珠），常用的有重力分离法、离心分离法、过滤法等。化学处理法指的是向污水中投加某种化学物质，利用化学反应来分离、回收污水中的污染物质，常用的有化学沉淀法、混凝法、中和法、氧化还原（包括电解）法等。将物理和化学方法结合起来就是物理化学法，这种方法是利用物理化学作用去除废水中的污染物质，主要有吸附法、离子交换法、膜分离法、萃取法等。生物处理法，是通过微生物的代谢作用，使废水中呈溶液、胶体以及微细悬浮状态的有机性污染物质转化为稳定、无害的物质，可分为好氧生物处理法和厌氧生物处理法。

这其中，生物处理法是最先进也是最有开发前途的。

细菌清洁工

日前，一支由细菌组成的河道清洁队伍正式上岗了。

它们面对的是两条受沿河工业企业所排废水污染的河流。放眼望去，两条河全河段沉水植物基本绝迹，水已经变黑、发臭。两河周边住着 2 万多居民，深受其害。

在一年左右时间里，“细菌清洁工”不负众望，使南方的两条受污染河流回复了原本的清洁面貌。河水水体不再像从前那么黑臭，大片河水都是浅绿色的，河里还游动着鱼虾，水质指标测试结果达到近五类水平。

简单说来，细菌清洁工的两大法宝是生物降解和水生植物吸收。

科学家们先从当地河水中提取能分解氮、磷等有机污染物的土著细菌进行培养，再把细菌播撒回水中，土著细菌就可以提高污染物降解速度，同时不会对水体产生新污染。

更神奇的活菌生物净水剂

另外，有专家经过反复研究，终于筛选到了一种特殊的细菌，采用一种特别的培养基去除其中的氨氮，在生产流程中使活菌数达到 10 亿个 / 克以上，这一指标至少是目前国际最高指标的 2 倍。

将拇指大小的二三片片剂投入千余平方米的鱼塘，10 ~ 20 小时以后水面便开始变得清澈透明，并且，它还能杀灭水中的霉菌、阿米巴虫、卵囊、芽孢等细菌、真菌、病毒。这就是用于鱼塘的。

按此思路，专家又分别找到了治理景观水、工业污水、生活污水、综合污水的菌种，均完成了治污试验与菌种的工业化生产。

由专家指导建设的小型综合污水处理设施，结构简单，造价低廉。处理后的水无异味，清澈透明，达到了国家一级排放标准。更让人意想不到的是，用这种菌治理污水极少产生污泥。据称，这些特殊菌种在污水中或吞噬污染物，或与污染物发生作用后生成气体进入空中。

这种神奇的活菌生物净化剂，目前在国内已推广 100 余万亩水面用于清理养殖水域。并已出口到新加坡、马来西亚、泰国等地。而用于治污的活菌生物净化剂也在加紧生产。

50. 科学让污泥变废为宝

各种方法战污泥

如何处理污泥淤泥，是一直困扰许多国家的一个环保问题。据有关专家介绍说，对于污泥淤泥的处理，传统上主要有三种途径：一是直接倾倒入海里。这样做污染海洋资源，已被国际社会明令禁止。二是采取焚烧的方法。用此方法耗能大，成本高，但处理时占地面积小，目前我国澳门地区处理污泥淤泥均采用此方法。三是填埋。这会造成对地下水源的污染，法国等国家已明令禁止使用这种方法。

而关于污泥淤泥处理的新技术，近年来各国均做出了各种不同的尝试。这其中包括日本用污泥铺路，英法等国以淤泥为原料，制成高效净化燃料等。

我国的新尝试

从理论上说，日本、英国等对于污泥的处理利用技术都是可以被推广利用的，也可以作为处理污泥淤泥的一种新途径，但这些不能成为处理污泥淤泥的主流技术，所以我国并没有进行“拿来”。我国科学家立志开辟一条更适合我国国情的污泥处理道路。

目前，中科院的一批专家正在致力于将污泥淤泥进行堆肥处理的研究，并且已经取得了一定的成果，其中的若干技术已经通过相关技术鉴定并申请了专利。

将污泥淤泥进行堆肥处理后生成的肥料，有机质含量高，可以在使用的同时改良土壤；另外它富含氮、磷、钾等多种微量元素，营养价值较高。此项技术的关键环节一是要消灭污泥淤泥中的病原菌，二是通过不断改良，消除二次污染。

对于此方法，原来的争论颇多。有人认为堆肥后生成的肥料重金属含量高，极易造成二次污染。但通过技术的不断改良，经过检验证明，其重金属含量呈逐年下降趋势。目前某些发达国家 50%～60%的污泥淤泥用于堆肥处理。

毫无疑问，对于污泥淤泥的处理，“堆肥”凭借其节能又环保的特点将成为发展的方向。

有问题待解决

需要注意的是，以往部分污泥处理厂在对污泥淤泥的处理时，昧着良心做事，将回收的污泥淤泥未经处理就直接卖给农民，作为肥料使用，坑害了农民，现在这种情况虽然不多见了，但类似的问题还是应该要防微杜渐。

另外，目前污泥淤泥的处理并未形成产业化，真正把科学技术转化为实际产品的很少，不少污水处理厂依然有名无实。

美好的前景

据有关部门调查，目前我国仅湖泊、河道拥有的淤泥，每年的采集量至少可达 7000 万吨，加上城市下水道的淤泥，每年的总集量可达 1 亿吨以上。采集淤泥，有利于疏浚河道、防止水质富营养化和净化城市环境。

近几年国家对污泥淤泥的处理利用也已开始重视，我国的污水处理厂以每年 100~200 座的速度增加。到 2010 年，国家预计投资 242 亿元人民币，建造 2000 个污水处理厂，对污泥淤泥进行专项处理和利用。

在国家的大力支持下，开发污泥淤泥的应用对振兴我国经济无疑是一件利民利己的大好事。

51. “固体水”为干旱树木解渴

造林业的新突破

水是液态的这是小学生都知道的道理，但科技可以改变一切，近年来，“固体水”技术作为当今国际造林业上的新突破出现在世人的面前。

利用这种技术，在节省大量的水资源的同时还能够提高造林的成活率。这标志着在干旱、半干旱、沙化地区的植树供水方式将有一个根本性的改变。不得不说它是一项利国利民、造福全人类的技术成果。

解析“皮冻”固体水

今后，在缺水地区植树造林可能不用依靠老天下雨，一种名叫“森露”的固体水已经被一些干旱地区采用，并取得了显著效果。

这种看上去像一块“皮冻”、装在一个用可降解纸做成的包装瓶里的固体水，97%的固体水是水，另外3%是一种从动物和植物中提取的有机高分子多肽聚合物或称凝水剂，其作用是将水分子固化。通过添加适量的凝水剂，固体水（一种像果冻似的产品）能够逐渐释放水给植物达2～3个月。

优点多多的固体水

森露固体水中的凝水剂是从动植物体内提取出来的。产品的包装是用可降解材料制成的。前者实际上是一种有机肥，而后者可以避免生态污染，对环境有益无害。

固体水能够确保在适当的时间和地点（干旱地区）向饥渴的树苗可靠地提供水分。由于该产品的凝水性、包装的三维尺寸及施用固体水的特殊方法，持续供水最多可长达90天。

森露固体水能够逐渐向植物根部释放水分以帮助新植的树苗成活。一个大面积植树试验的报告确认了其提高20%～30%的植树成活率，最高达97%成活率的神奇效果。沙漠化和气候越恶劣的地方，用森露固体水植树比传统植树方法的效果越明显。与传统的植树造林方式相比，一千克或两千克的固体水可以保证高达 97% 的造林成活率。这对在水资源匮乏的荒漠化地区有极大的意义。因此，森露固体水使得在干旱和半干旱地区用较少的水资源恢复植被成为可能。

而且较高的植树成活率意味着重新植树的劳动力成本大大减少，时间效益更佳。而更少的树木维护则意味着节省更多的劳动力成本，尤其是在像中国北方、澳大利亚、阿拉伯国家的干旱和半干旱地区。

施用森露固体水不需要专用设备。先挖好树坑，再把树苗放入坑中并用土覆盖树根，撕掉产品的上盖倒置于树根上方，再用土完全覆盖产品就完成了植树过程。然后，呵护树苗的大部分工作就可以留给森露固体水了。在土壤中的微生物帮助下，森露固体水逐渐降解以滋润植物的根。这种易操作性大大方便了它的推广使用。

推广进行时

有关部门已经在辽宁省、河北省和内蒙古自治区 6 个县的干旱、半干旱和沙漠化土地上，用固体水对 10 多种树苗进行大规模植树造林实验。实验地区的彰武县章古台沙化地区松树和杨树的成活率分别提高了 55% 和 15%，其他树种的成活率也有不同程度提高。

内蒙古自治区的多伦县正在利用这项技术在 16 万亩荒漠化土地上植树造林，各种苗木长势良好。

利用固体水植树造林的成本略高于传统方式，但是其成本最高不会比传统方式超出 30%，并且，随着大规模的推广应用，这种技术的成本还会进一步降低。

这种固体水可广泛应用于我国西部干旱、半干旱的沙化地区，以及城市的园林绿化。它创造了一种“浸润浇灌”方式，可根据树苗的大小和成活发育期的用水量，来提供不同重量的固体水块，不仅保证有较高的成活率，还能节水。

52. 沙漠温室——淡化海水营造绿洲

普通沙漠温室

利用太阳的热能，温室可在寒冷的冬季生产各种蔬菜，而沙漠地区日照条件好，建设温室对于沙漠来说更是一种好的能源利用方式。沙漠温室既能充分利用太阳能资源，还能大量节约水资源，有利于沙漠地区作物种植。

在普通温室种植中，追肥灌溉技术对温室种植影响较大。

温室灌溉设施由贮水池、送水管、暗渗支管三部分组成。贮水池设在温室后墙中部墙内，用砖和水泥砌成长 2 米、宽 1 米、高 1.2 米的长方形水池，底部高出地面 0.2 米。在距贮水池底部 0.1 米处两侧各砌入一个长约 0.3 米的铁管。铁管外径与阀门、塑料管相连接。塑料管的长度与温室长度相等并埋入北端下。塑料管上接入支管。支管间距与垄距相当，长度与垄长相等。塑料管和支管顶端封死。支管上有若干渗水孔，孔距以 1 米为好。支管顺垄埋入垄下，垄上种植作物。贮水池平时贮满水。需要灌溉时，打开阀门，池内水沿塑料管流入支管，再从支管的渗水孔流入作物根部的土壤。如需要追肥，可把化肥先溶入水池水中，再使肥顺水管流向作物根部土壤中，实现追肥。

这样的灌溉方式，省时省力，还能节省用水。对肥料而言，这种方式节省肥料且施肥均匀。明显降低减轻病害。而且，温室内湿度明显降低，病害少，农药污染相应减小。农业耕作，土地是关键。这种方式还能保持土壤性能，保持土壤不板结，地表土壤疏松，透气性好，有利于作物根系发育生长。最重要的是，这种装置成本低廉，管道一次投资每亩需 600 元，可用 8 ~ 10 年。

从灌溉上我们不难看出，即便是普通的沙漠温室，在沙漠地区也是集各种优点于一身的好宝贝。但科学家们并未就此止步。

能淡化海水的沙漠温室

英国光学工程师查利·佩顿发明了一种较普通沙漠温室更为奇特的温室。在波斯湾阿联酋首都阿布扎比外的一个沙漠荒岛上，佩顿建造了一座长 45 米、宽 18 米的巨大温室，里面种满了黄瓜、西红柿和鲜花。光是这些恐怕还难以让你看到这种温室的奇特之处，走进这种温室或许你就会看到它的奇特之处啦!

这种沙漠温室的顶棚是双层的，顶棚的外层是透明塑料，顶棚里层涂有可反射红外线的涂层。这样，可见光能进入温室，使蔬菜的光合作用达到最佳状态，而产生热能的红外线则被挡在两层顶棚形成的夹层之间，使温室内可保持适当的温度。

在沙漠温室的后部安装有生产淡水的重要装置——风扇和冷凝器。风扇可将温室中的潮湿空气与顶棚夹层间的干燥热空气混合，混合空气通过温室后墙的多孔板吹向冷凝器，从冷凝器上流下的蒸馏水（即淡水）滴入一个水箱，可用于灌溉蔬菜和鲜花等农作物。

独特的设计让这个新型的沙漠温室，能够通过蒸发海水，使温室中保持温度适当的潮湿环境。当这座温室外面的温度是 45℃时，温室内的温度只有 30℃；虽然温室外面是干燥的沙漠空气，但温室内的空气湿度达 90%。

30℃左右的潮湿空气十分有利于蔬菜作物的生长，因为在这样的湿度条件下，蔬菜叶子蒸发的水分很少。佩顿说，生长在这种沙漠温室中的蔬菜，每天每平方米只需 1 升水，而在温室外干燥炎热的环境中种植蔬菜，每天每平方米至少需要 8 升水。

通过吸收太阳热能，这种沙漠温室能在沙漠中创造适合农作物生长的潮湿环境，对于上述面积的温室来说，这相当于一台 500 千瓦的空调机的制冷作用，但它实际消耗的电能还不到 3 千瓦。同时，这种沙漠温室每天可蒸发 3000 升海水，得到约 800 升淡水，足够灌溉温室内的农作物。

干旱国家的福音

这种沙漠温室可能将影响全球生活在缺水区的几百万人的生活，许多沿海干旱国家能从这种沙漠温室获得巨大利益。

不久，当你漫步在茫茫沙漠中时，假使有一大片绿绿的菜园映入眼帘，你可千万不要惊讶，那肯定就是这种奇特的沙漠温室在发挥神奇作用呢！

53. 太阳充当家庭清洁工

无处不在的健康杀手

科技改变生活。农作物生了虫，我们开发出浓烈的农药将其置于死地；害虫妨碍我们的日常生活，我们用喷雾杀虫剂将它们清除出我们的视线……但是，类似的科技在改善我们的同时也留下了难以清楚的尾巴。

药喷洒到作物土壤上经过一时间后，由于光照料、自然降解、淋、高温挥发、微生物分解和植物代谢等作用，绝大部分已经消失，但还会有微量的农药残留。土壤和植物中可能残留的微量农药及其有毒衍生物的数量，称为农药残留量。残留农药对病虫害和杂草无效，但对人畜和有益生物有毒，所以被称为残毒。

杀虫剂也存在同样的污染问题。比如说，家庭用的空气喷洒式杀虫剂，长时间地停留在室内。即使当气味消散，在一定时间内还是会有有害的气体残留在空气当中。而这些气体多半是对人体健康有不良影响的。

除了农药、杀虫剂，还有其他形形色色的有害物质，可以说类似的污染几乎遍布我们生活的每个角落。

另外，水污染等也同样在对我们的生活发挥着负面作用。

那么，采用怎样的方法才能比较彻底地消除类似的污染，又同时避免二次污染呢？

纯天然的去污剂

在英国工程与物理学研究理事会的资助下，英国诺丁汉大学开发出一种清除微污染物的新方法，他们利用阳光和一种无害的化学物质钛白清除水中的微污染物，取得了良好效果。

科学家新开发的这种称为光催化喷泉反应器的设备，能有效地将杀虫剂或其他残存的农药分子分解为二氧化碳和水。

其主要过程为，使受污染的水通过一个特殊设计的喷嘴，然后，在水中加入钛白粉，让阳光或人工紫外线从喷嘴产生伞状的喷泉顶端照下。这样，光催化剂充分吸收太阳辐射后，便能有效地使污染物分解。污染物一旦被清除，经过净化的水将注入一个沉淀池中，以便水中的钛白粉沉淀后重新利用。

各地实施有不同

研究人员称，实验证明这一方法是可行的，它尤其适用于欧洲南部，中南美洲，非洲和亚太地区等阳光充足的地方。在英国等阳光较少的国家，可用耗能低的人工光源代替阳光来实施这种方法。用这一技术处理生活污水或工业废水，不会对环境造成危害，是一种环保型清污新技术。

自然的才是最环保的。虽然环保型清污新技术在科学家灵活的头脑中已经诞生，我们似乎更应该注意一下，从根源上减少各种污染。少用一点儿杀虫剂，多用一些自然的方法，这样我们的生活才会更美好、更健康。

54. 未来的生态住宅

法国人的细节

生态住宅，是人与自然更为和谐的未来建筑物。它具有高质量的环保标准，它节能、舒适，符合健康的要求。

法国在生态住宅方面可谓是世界的先行军。法国“高环保质量”的住宅标准要求建筑与周围环境相和谐，形成一个让人愉快生活的氛围。在总体能源管理方面既独立，又利于对建筑物的有效服务，既保证能源的低污染运行，又保证能源的低成本理费；在水的利用方面，具有良好的雨水回收和污水处理的节水系统；在日常管理方面，要做到合理维护和良好维修，保证清洁卫生用品的使用不给健康和环境带来危害；它要求居室内保持一定的湿热度，在不同的季节都能享受相同的、可随意调节的温湿度；它要求最大限度的提高自然采光标准，在室内能让居住者视野更广阔地观览户外景致等。这体现了法国“高环保质量”住宅的地道的以人为本的原则。

浪漫的法国人对生态住宅的设计还充满了细节上的考虑。他们认为，生态住宅要具有最佳的照明效果；卫生间用水可循环使用；使用自然建筑材料，寒带地区的生态住宅本身就具有保暖功能，热带的则具有散热功能；住宅自身就能通风排除室内异味或污染性气味；生态住宅在建筑过程中也要具有高质量的环保施工标准，要求建筑材料的废物可回收使用，施工噪音最低等。

节能使其大受欢迎

细致的考虑过后，法国终于在10多年的努力之后推出了14个生态住宅的标准模式。

对于这种节能又环保的新型住宅，法国政府明确表示，使用再生能源、隔热材料、暖气调节设备的“高环保质量”的住宅可以获得减税的优惠，还可以取得某些政府财政支持。

在政府看来，生态住宅不仅改善了传统的供热和能源运行方式，还可以节省25%～60%的能源。据有关统计，法国住宅和第三产业使用的建筑场所的能源消耗量占法国能耗总量的45%，二氧化碳排放量占25%。如果将所有的住宅和第三产业的商用建筑均按照“高环保质量”标准建造，仅巴黎地区每年就可节约1亿立方米生活用水，15年内可节约540亿法郎的能源消费，8年内可降低160万吨的二氧化碳排放量。

专家认为，虽然目前这种标准的建筑价格比普通价格高2%～5%，但随着经济的发展，这种差价可以在几年内被能源的节约全部抵消掉。

美国的灵活与随意

美国公司最近研制出一种新型生态住宅，这种住宅水、电自给自足，使用生态环保材料，室内空间围合随意，宽敞、明亮、宁静、舒适。

他们开发的新型生态住宅的特点是：收集雨水，循环利用——雨水汇集到房下的储水槽然后送到厨房，在厨房使用后还可冲洗厕所或浇灌植物；充分利用太阳光能——太阳能电池及时为电器设备供电，不用电或用不了的电由蓄电池储存，即使太阳能电池不工作，蓄电池可以保证5天用电；房屋结构灵活多变——外观呈圆柱形，坐落在矩形的轻钢质平台上，平台上的房屋由各种可拆卸组合的构件组成，空间分割围合随心所欲，房间更新只需变换隔墙板。

这种新型的生态住宅之所以走俏市场，除了能满足消费者强烈的生态环保需求外，更重要的是住宅本身功能完善、安静舒适且节约能源，实现了环境生态效益、经济社会效益与消费群体需求的统一。

不管是法国的细节更能触动你的心灵，还是美国人的灵活与随意更符合你的居住要求，未来生态住宅肯定会让我们的居住更舒适、更便捷、更环保，值得我们的共同期待。

55. 用战斗机灭飓风

可怕的气旋

飓风是大西洋和北太平洋东部地区将强大而深厚（最大风速达 32.7 米 / 秒，风力为 12 级以上）的热带气旋。

据说飓风这个名字源自玛雅人神话中创世众神的其中一位——雷暴与旋风之神。正如这个典故所述的那样，伴随飓风而来的一般都是强风、暴雨，它严重威胁人们的生命财产，对于民生、农业、经济等造成极大的冲击，是一种严重的天然灾害。

根据破坏力大小，飓风有级别上的划分。一级飓风对建筑物没有实际伤害，但对未固定的房车、灌木和树会造成伤害。一些海岸会遭到洪水，小码头会受损。二级飓风会使部分房顶材质、门和窗受损，植被可能受损。洪水可能会突破未受保护的泊位使码头和小艇会受到威胁。三级飓风会使某些小屋和大楼会受损甚至完全被摧毁。海岸附近的洪水摧毁大小建筑，内陆土地洪水泛滥。四级飓风能使小建筑的屋顶被彻底摧毁。靠海附近地区大部分淹没，内陆大范围发洪水。五级飓风就更为恐怖了，它能把大部分建筑物和独立房屋屋顶完全摧毁，一些房子会被吹走。洪水导致大范围地区受灾，海岸附近所有建筑物进水，定居者可能需要撤离。

战斗机与飓风的鏖战

基于飓风的巨大危害性，一名工程师设想让超音速喷气战斗机飞入飓风，来消除这种能造成巨大损失的灾难。

有了这个设想，当一场 4 级飓风正在逼近新奥尔良的时候，准备迎接圣诞节的到来的人们依然故我地在酒吧里欢天喜地，没人为此感到担心。

两架 F-4“鬼怪”式战斗机刚刚从附近的海军航空站联合储备基地起飞，准备在飓风登陆之前把它干掉。

根据工程师的计算，将超音速喷气机送进飓风的风暴眼中，并且使其以与飓风自旋方向相反的方向盘旋飞行，就能减慢风暴的速度。而如果让喷气机在靠近水面的高度飞行，还能阻断为风暴提供动力的热空气的补给。如果这项计划可行，这将是人类第一种能用来消灭飓风的手段。飓风每年仅在美国就造成51亿美元的损失。

质疑之声

正如通常的情况那样，每一项创新的科学设想通常都会在刚刚问世的时候遇到一定的质疑。工程师用战斗机战飓风的设想也不例外。

一些飓风学家对这个大胆的计划提出了质疑。超音速飞行引起的音爆所发出的冲击波很可能会穿透风暴却无法令其减速，“这就像试图用网球拍让风停下一样。”佛罗里达国际大学的飓风研究人员说。他还担心风眼内的涡流会将高速飞行的飞机撕个粉碎。因为专家称，以超过1700千米/小时的速度飞行的喷气机穿过170千米/小时的狂风不会有问题，但机动动作可能会让飞行员不得不承受4g的过载，因此他建议采用无人驾驶的方式。

美国国家大气研究中心的科学家则指出，飓风像地震一样，都是地球从一个地方向另一个地方释放能量的方式。如果你终止或者是减弱了一场飓风，那么地球就没有办法处理积攒的能量了。

值得一试

但这或许值得冒险尝试一下。2005年，“卡特里娜”和“丽塔”飓风夺走了1300人的性命，去年又有创纪录的一连串风暴袭击美国。亲眼目睹了这一切的工程师希望能够在今年下半年与美国空军方面认真探讨他的计划。“我不是飞行员，”他说，“因此我希望他们能帮忙找到一种更好的方案。”

56. 监测地震仍需努力

最基本的困扰

汶川地震已经过去一年有余，科学家对地震预测的研究依然马不停蹄地进行着。

这里要引入地震区划的概念。地震区划：一是划分强震活动带（地震带），确定未来百年的地震危险区；二是分析地震活动趋势，估计地震危险区内未来可能发生的地震的最大震级；三是预测未来百年内发生的地震的烈度影响范围。

而现阶段，当发生较大的地震时，专家们可以解释其开始的准确位置，涉及什么类型的断层，甚至可以预测余震将持续多长时间。但是，有个奇怪的事实是，对于地震时地球内部究竟发生了什么情况，地震学家和地球物理学家都十分不确定。这也使得我们至今无法对地震的发生进行较为准确的预测。

地下的摩擦

地下的摩擦也是我们了解地震的一个难点。

地面上，摩擦是一种与运动对抗的稳定力量。像人们搓冰冷的手一样，摩擦会产生热量，并随着你在对象上施加的应力增加而增加。因此，断层滑动期间的热量会随着地球深度的增加而增加，所以理论上岩石就必然在其接触的位置上熔化。但其实在地下，两块巨大、坚硬和受重压的岩石板块在地震期间通常会出现一块滑动越过另一块的情形，因此岩石并不会熔化。有科学家认为，当两块岩石没有什么相对运动时，它们之间的摩擦力就达到高峰；当地震发生岩石快速移动时，它们之间的摩擦力就骤降至零；当岩石移动慢下来之后，摩擦力又再次达到高峰。他认为地震期间摩擦作用的这种怪异特性可能就是几乎不发生熔化现象的原因。当岩石快速移动时摩擦力很小，所产生的热量也很小，因此也就不会出现可探测到的熔化现象。 还有一种解释是急剧加热。这种理论认为各个断层由非常大的力量保持在原位，一旦断层开始滑动，假如滑动速度足够快的话，它们在微观接触点上会变得非常光滑，就像冰面和冰刀间的情况一样。

另外一种观点认为在岩石滑动期间受压水可以降低断层上的应力，从而减小摩擦。这时断层就像在一个蒸汽垫子上，使得断层滑动时摩擦力较小，且岩石热量不会达到熔点。

地震强度的预测我们知道，大多数地震都是发生在各个构造板块相互接触和滑动的地方。当移动的摩擦应力超过岩石的强度而导致在断层线上出现崩溃时，地壳随即发生剧烈位移，导致弹性应变能量的释放；这种能量以冲击波的形式传播，从而形成地震。那么，这种能量究竟强大到什么程度呢？ 一些科学家已经在实验室中模拟了小型地震。但当他们将实验室中观测到的能量按照实际断层的大小进行放大时，实验模型预测出断层上会出现大范围的熔化现象。而且，此类模型所预测的破坏远远超过历史上曾发生的几次大地震的实际破坏程度。

也就是说，至今人类还没能模拟出一次接近真实地震的实验结果。那么探测仪的问题，我们可不可以制造一台模拟地震期间地下数千米范围内所发生情况的实验室仪器呢？科学家告诉我们，这是非常困难的。因为地下情况的复杂情况远远超出我们的想象。

美国的岩石力学专家设计出一种可以对岩石试样施加地震级高应力的仪器，用以研究地球深处的摩擦活动。虽然这对于地震科学是影响深远而又非常重要的一件事，但仍有许多问题还没有解决。用科学家的话来说，世界上很难有任何装置能够符合地球内部情况的奇特性与复杂性。

监测卫星

在地震来临之前，如果我们事先有该地区连续的空间监测的热和电磁效应的图像，可能会有预报。发展地震电磁卫星对地观测技术，将空间手段与地基监测相结合，建立“天地一体化”的立体地震电磁监测系统，将明显增加地震前兆的信息量，为地震预测预报提供重要的科学依据。 目前法国的 Demeter 卫星研究成效显著，在业内颇受关注。与传统的地面地震监测站相比，利用卫星监测并且预报地震的方法无疑为人们提供了新的预报依据。专家称，虽然利用地震电磁卫星预报地震目前还处于“探索阶段”，但是这一方法已得到了许多科学家的认同。未来随着科技水平的提高和科学研究的深入，地震电磁卫星有望在地震预测中发挥重要的作用。

57. 垃圾产品

垃圾问题严峻

据统计，我国城镇生活垃圾日产量人均为0.7 ~ 1.0kg，并以年均10%的速度增加。全国大、中、小城市（镇）生活垃圾产量接近2亿吨。垃圾的利用率却很低，北京和上海等大城市仅为1% ~ 5%。目前，一些大、中城市仅采用简单填埋的方式处理，不仅浪费了资源，而且占用大量土地，污染水源和环境，危害人民身体健康。

另外，根据科研人员调查，我国城市生活垃圾的有机物含量近年呈逐年增加的趋势，而有机垃圾中又富含氮、磷、钾等养分元素，是很好的有机肥料原料。这一发现让科学家看到了解决垃圾问题的新出路——开发垃圾中的有机物，并对其充分利用。一旦这个想法成为现实，不仅可以减轻环境负荷，同时还可以解决我国土壤急需大量有机肥料的燃眉之急。

项目已经完成

近期，一项名为“城市生活垃圾资源化利用技术及工艺设备”科研项目的完成，得到了业内专家的一致好评。

据介绍，该项研究全面调查了中国大、中城市生活垃圾的组成、特点、处理现状和问题，在此基础上专门研制开发了适合中国国情的生活垃圾分选技术、有机垃圾高温快速连续发酵和综合除臭技术、废弃塑料生产纳米级水溶性包膜胶结剂技术、有机发酵垃圾生产缓／控释专用肥技术和无机垃圾制砖技术等。

专家们对这项拥有自主知识产权的生活垃圾资源化利用全套工艺设备研究成果给予高度评价，认为此拥有自主知识产权的“生活垃圾资源化利用全套工艺设备研究”具有设备国产化率高、垃圾处理利用率高、技术水平高与创新能力强等特点。

项项达标前景好

该设备的垃圾分辨率已达98%以上，综合处理利用率达100%；设备具有工艺先进、自动化程度高、便于操作等使用优点；其中纳米级废弃塑料——淀粉混聚物包膜胶结剂技术、有机复合缓／控释肥料技术均为原始性创新技术，在同类研究中，总体水平已达国际领先水平。

经相关质检部门检测，利用这项研究成果生产出的全部产品均符合国家有关标准：有机垃圾复合肥中氮、磷、钾有效成分含量为30%左右，有机物质含量达40%左右，符合国家复混肥标准，重金属含量符合国家标准；废弃塑料混聚物黏合剂作路基试件，强度和耐水性均符合国家高速公路和一级公路标准；废弃塑料混聚物黏合剂生产秸秆板材符合国家刨花板标准；无机垃圾砖抗压强度符合国家标准。

专家们认为，一旦该工艺设备研制成功并顺利通过成果鉴定，将是我国建成了城镇生活垃圾资源化利用技术创新平台的重要标志。并且，这项新技术成果的利用可以产生不可估量的经济效益和社会效益。

四、军事科学

58. 变色龙军服帮士兵“隐身”

灵感的源头

变色龙学名叫避役，“役”在我国文字中的意思是“需要出力的事”，而避役的意思就是说，可以不出力就能吃到食物，变色龙有着非常长的舌头，能够做到这一点，所以被命名为避役。

“变色龙”这个俗名则是来自于它神奇的变色功能。变色龙是一种“善变”的动物，在自然界中它是当之无愧的“伪装高手”。它们能够随时根据环境——背景、温度、心情等的改变来改变自己身体的颜色，然后一动不动地将自己融入周围的环境之中，以达到隐身的效果。

从科学的角度来看，变色龙的这种生理变化，是在植物性神经系统的调控下，通过皮肤里的色素细胞的扩展或收缩来完成的。在这些色素细胞中充满着不同颜色的色素。变色龙皮肤有三层色素细胞，最深的一层是由载黑素细胞构成，其中细胞带有的黑色素可与上一层细胞相互交融；中间层是由鸟嘌呤细胞构成，它主要调控暗蓝色素；最外层细胞则主要是黄色素和红色素。基于神经学调控机制，色素细胞在神经的刺激下会使色素在各层之间交融变换，实现变色龙身体颜色的多种变化。

变色第一步

变色龙的这种奇特功能既有利于隐藏自己，又有利于捕捉猎物，为许多人所向往。

最近，美国桑迪亚国家实验室传出了好消息，他们已经从理论上证实人造物料可以像变色龙和部分鱼类一样变色，相信只要 5 ~ 10 年时间，就可研制出变色材料。毫无疑问，这项科研成果的研究成功与实际应用带来的将不仅仅是军事服装的一次革命。

更令人兴奋的是，目前科学家已经掌握怎样将两种颜色来回变换，下一步是了解如何在人工环境中达到这种效果，然后就是研制可以变色的材料了。

一旦这种生物特性为科学家所掌握，我们不仅是可以研制出变色的物料，还可以改变物料的其他特性，如透气度和控温能力等。

变色“隐身”军服

很久以前，就有人设想：如果军服可以像变色龙一样，能够随环境而改变颜色，那么士兵无论上山下海都可以保持隐身了。所以如果将这项技术应用在军事上，就可以造出一种新型军服，它不仅更加透气舒适，还能抵抗化学战，阻隔有害化学物质。据报道，五角大楼目前正根据变色龙的启发研制一种“隐形”的新式军服。

“隐形”军服的主要原理是，在制作军服的特种纤维中大量加入利用纳米技术制造的微型装置，即在特种纤维中植入微型发光粒子，从而可以感知周边环境的颜色并作出相应的调整，使军服变成与周围环境一致的隐蔽色。它能有效对付战场侦察雷达、被动夜视仪、探测人体气味的感应器、感应各种武器钢铁部件的磁性探测器及其他电子和光学器材的侦察。

另外，计算机在对大量丛林、沙漠、岩石等背景环境进行统计分析后模拟出了这四种环境的图案，它们将作为“隐形”军服的四种变形图案，它们的色彩、色调、亮度，对光谱的反射性以及各种色彩的面积分布比例都经过精确的计算，这就使军服上的斑点形状、色调、亮度能够与背景一致。这种军服从近距离看，是明暗反差较大的迷彩，从远距离看，其细碎的图案与周围环境完全融合，即使在活动时也难以被肉眼发现。

变色龙有三层色素细胞，新型“隐形”军服也有3层：外层既防弹又能自动“变色”，中层是适应数字化步兵要求，把随身携带的电池的电流输送到士兵装备的各个部分，内层表面粘贴的许多超微传感器能检查士兵健康状况，作战中可以测试出不同状态下士兵的各种生理指标，如血压、心跳频率等，让士兵及时调整自己的体能。

相信这种神奇的变色龙军服将在不久的将来让我们大开眼界。

59. “果冻”也能防弹

保卫脑袋

战场上，对士兵的生命威胁来自四面八方，而纷飞的弹片是导致士兵脑损伤的重要原因，于是头盔就应运而生了。

头盔的历史可以追溯到远古时代。原始人为追捕野兽和格斗，用椰子壳等纤维质以及犰狳壳、大乌龟壳等来保护自己的头部。以阻挡袭击。

后来，随着冶金技术的发展和战争的需要，又发明了金属头盔。国外最早的金属头盔是公元前 800 年左右制造的青铜头盔。而我国安阳殷墟出土的商朝铜盔，正面铸有兽面纹，左右和后边可遮住人的耳朵和颈部，距今大约已有 3000 多年的历史。

17 ~ 18 世纪，随着手枪、步枪等热兵器的出现，铜盔基本上失去了防护作用，人们不得不寻求新的头盔材料。第一次世界大战时期，法军首先研制出了能防炮弹破片的头盔，这就是“亚得里安”头盔。但随着武器技术的进步，普通防弹头盔已经不足以抵挡新式枪弹的攻击。

在这种情况下，各个国家都在抓紧研发能提高头盔防护能力的新结构和新材料。例如，美军正在尝试将 NFL 运动员头盔中使用的结构应用到标准的防弹头盔中。

经过一系列研究，科学家最终发现，受到冲击时会迅速变硬的凝胶状物质能够显著提高头盔的防护能力。

轻而软的弹性材料

在这种想法的指引下，英国科学家最近成功地发明了一种名为“D30”的凝胶状物质，这种凝胶在正常情况下又轻又软，但在遇到来袭的子弹时会急剧变硬，能将弹片的冲击力减弱至少一半。

英国著名工程师、“D30”凝胶的发明者理查德 – 帕尔默介绍说，采用尖端纳米技术研制而成的“D30”凝胶表面看上去非常像是果冻，它可以被随意挤压成各种形状。在静止或者缓慢移动的状态下，这种凝胶的分子之间互相分离，而一旦受到高速冲击，分子将互相交错并锁在一起，变得格外坚固。外力作用消失后，凝胶能再次自动恢复柔软。

以柔克刚

英军计划利用这种凝胶来提升士兵头盔的防弹性能，以保护士兵们免于受到子弹的危害。为支持这项研究工作，英国国防部已经向发明这种凝胶的公司提供了 10 万英镑的资助费用。工程师们已经开始计划用这种物质来提升士兵头盔的防弹性能了。

按照设想，这种凝胶可以放置在英军的头盔内侧，在正常的情况下，凝胶会保持松弛的状态，又轻又软而且不会影响到士兵的正常活动。而一旦受到外力的高速剧烈撞击时，分子将互相交错并锁在一起，变紧变硬，能将子弹或弹片的冲力减弱一半，进而阻止它们穿透头盔。

根据工程师的进一步解释，“D30”事实上是一种用“智能分子”制造而成的聚合体，类似于黏稠的液体，就如同混合着玉米淀粉和水的潮湿沙子。这也就是说，凝胶中的硅材料纳米粒子在常态下就像液体一般流动，当遇到子弹或者弹片的冲击时，它们立即变成如格子般的固体排列结构，使得一件看似柔软的制服迅速变成一套坚硬无比的盔甲。

大有作为

这种胶状物眼下已经开始被应用于制造滑雪手套、芭蕾舞鞋、护腕等体育用品。英国国防部希望，能尽快将这种凝胶用于新型防弹衣和其他防护装备中，给英军目前配备的大号头盔和笨重的防弹衣减肥。英国国防部还希望这种凝胶能尽快用于新型防弹衣和其他防护装备中，通过添加此凝胶衬层，陆军现在配备的大号头盔和又重又不合身的防弹衣终于可以“减肥”了。

60.“炸弹之父”横空出世

试验显身手

2007年秋天，当军事分析家的目光都盯在朝鲜和伊朗身上的时候，俄罗斯突然吸引了全世界的注意力，爆炸了世界上最大的常规炸弹——一枚重达8吨的燃料空气炸弹。俄罗斯宣称它的威力是之前的纪录保持者——美国制造的“炸弹之母”MOAB（即GBU-43/B炸弹）的4倍。

燃料空气弹还有许多更形象的名字：窒息弹、油气弹、气浪弹和云爆弹等。它是一种特殊的“面杀伤武器”。它的内部填满了挥发性极强的碳氢化合物，当投掷到目标上方后，弹内的液体燃料连同延时引爆装置一起被撒到地面，与空气中的氧气充分混合，很快变为雾状的气溶胶，经过预定时间后即会第二次引爆。

燃料空气弹爆炸时会产生2500℃左右的高温火球，并形成强大的冲击波和热气浪，炸点附近的冲击波传播速度可达每秒2200米。试验表明，一枚45公斤燃料空气弹可形成直径15米、厚2.5米的浓雾，起爆后在炸点15米半径内的冲击波超压值高达100公斤/平方厘米，足以直接摧毁目标。

另外，燃料空气弹与普通炸药不同，普通炸药爆炸时不需要外界的氧气，而燃料空气弹的燃料必须与氧气充分混合，爆炸时会把目标周围的氧气消耗殆尽，处于爆炸区内的人员即使不被当场炸死或烧死，也会由于严重缺氧而窒息死亡。燃料空气弹的问世，是常规弹药的一次重大发展。

美国山迪亚国家实验室的爆炸专家耶鲁玛·斯托弗来茨将燃料空气炸弹称为特殊武器。由于冲击波的穿透能力，燃料空气炸弹非常适合用来摧毁坑道和地下掩体。

未知的可靠性

但是，燃料空气炸弹也有几个非常严重的难以掌控点，正是这几个点大大限制了其在战场上的应用。

首先，它出了名地难以制造。借用美国新墨西哥州科技大学的武器专家范·罗密欧的话说，“获得合适的燃料与空气的比例更像是一门艺术，而不是一种科学”。

其次，风可能在燃料云被点燃之前将其吹走，让被攻击目标免遭损伤。

另外，炸弹内的爆炸物质（通常是镁和异丙基硝酸盐）很不稳定，这使得燃料空气炸弹的保存时间很短，经常要以天来计算，而普通 TNT 炸弹则能够保存上几十年。

所以，尽管俄罗斯以“炸弹之父”巨大的尺寸为向世人“耀武扬威”的资本，其他国家的军事专家却没有被吓到。凭着专业的眼光，他们更关注的是俄罗斯是否或者能否解决“炸弹之父”的可靠性、可控性问题。

毫无疑问，如果俄罗斯已经解决了关键的技术问题，或者说能够在未来较短的时间内解决这个关键性问题，那么这种巨型燃料空气弹就能够在需要的时候大量制造，它们将是非常可怕的毁灭性武器。

61. 钻地炸弹给敌人来自地下的打击

敌人在地下看不见怎么办

现代战争中，尽管你有先进的战斗机，先进的坦克车等作战武器，但是敌方作战人员根本就不会露面，他们常常会藏身于自己修建的地下掩体中，有的甚至还会隐身于自己挖地洞里，而敌人的一些重要的武器库或指挥机构也常设于地底下，这种情况下，攻击者往往会产生无所适从，无法给予敌方致命打击。越南战争和后来苏联在阿富汗的失败（二者实际上都是在侵犯他国，我们这里很是反对这种所作所为），很大程度上就在于对敌人的藏身之所无从进行精确的、凶狠的打击。

不过，未来这一状况却可能发生改变。最近，美国陆军正在研制一种能够穿透坚硬的岩石和地下坚固防御工事实施地下爆炸的炸弹。这种炸弹一旦研制成功，那么你的敌人将无处藏身。

炸弹机理＝一发接一发不断地挖掘

美国军方把这种新式的钻洞武器名为“深挖掘器”，它可以利用轰炸机进行投射，也可以在 7 门加农炮上进行群射，并逐渐向地下挖掘。大炮所发射的第一枚炸弹能够在爆炸前穿透岩石表层并将其打碎，炸弹爆炸产生的威力足以将岩石碎片清除干净，这样就为第二次的发射留下一条顺畅的通道。

与传统的隧道挖掘技术相比，这种机械装置能够让炸弹更加快速的穿透厚达十几米的岩石。传统的作业方式首先需要钻一个洞，然后将爆炸物插入洞中，而后再费力的清除爆炸产生的碎片，准备第二次发射。

而“深挖掘器”使用易燃弹壳，弹壳再燃烧后就不会留下碎片。在一次实验中，“深挖掘器”穿透了 10 米的石灰岩。这样优异的作战效果要远远优于最大的传统的“地堡杀手”——重达 2000 公斤的 GBU-28 钻地制导炸弹。因为，对付类似硬度的混凝土或者石灰岩，GBU-28 钻地制导炸弹只能将其穿透 7 米。

“深挖掘器”对付沙漠地形

美国军方的这项研究最初是由美国国防部下属机构国防威胁降低局发起的，目的是研究如何破坏隐藏于地下深层掩体中的化学和生物武器，保卫自己的国家，其实这项军事发明一旦成功，就很有可能要广泛地被应用到美国的海外战场上去。

据了解，目前，这一项为期 18 个月的工程正在紧张机密的进行当中，美国国防部威胁降低局的任务是只负责制造一个可操作的武器原型。而位于新泽西皮可汀尼的陆军武备研究、开发和工程中心，则正在制造挖洞设备，可以与弹头、导航和降落系统进行连接，从而形成完整的“深挖掘器”装置。

尽管即将完成实验的这种炸弹能够穿透厚厚的岩石和混凝土，但在沙地上钻洞仍存在一定难度，因为挖掘器钻出的洞马上就会被沙子填满。研究项目负责人大卫·伯恩斯承认：“在对付软材料时仍存在技术挑战。”

为战争而生，但也可以造福人类

其实，这种“深挖掘器”新技术也有其他一些用途。不仅仅可以应用到军事和战争中，它也可被广泛地用于采矿业和建筑业。

作为一个力量强大的破墙装置，它可以用更短的距离在建筑物上钻洞。这样一来既可以减少在战争中手工放置爆炸物的士兵的人数，也可在民用的采矿和采石业中大显身手。这项技术一个更大用途是使用非爆炸性炸弹打碎矿石，与现存的方式相比，速度更快，成本也更低。

62. 拐弯枪让子弹拐弯

拐弯理念的产生

传统的枪械设计理念中，枪弹的弹道都是平直的，这样一来，在起伏的自然地貌和拐弯的人工防御工事或者建筑物中间就会形成无数射击死角。在战斗中尤其是激烈的巷战中，会存在众多的射击死角，这样你就会很容易的遭到隐蔽在死角中敌人的火力杀伤，这对于己方来说是最可怕的悲剧。因此，为了消除这些射击死角。枪械设计专家们冥思苦想，终于研制出没有射击死角的拐弯枪。

以色列先进的拐弯枪设计理念

在 2004 年 6 月在北京举办的第二届中国国际警用装备博览会上，一种由以色列最新研制的专门用于城市反恐作战的没有射击死角的拐弯枪一经亮相，便备受广大的公安、武警中从事反恐作战的特警们的青睐。这种拐弯枪能够在建筑物拐角、掩体、路障后方灵活观察搜索恐怖分子，准确完成瞄准、射击。

以色列的这一发明与目前美国、日本、俄罗斯能够拐弯瞄准、射击的枪械相比，它能够更好地利用机械臂直接拐弯进行搜索、瞄准、射击，可避免暴露身体的任何部分，更为安全。该枪结构相对简单，造价较为低廉。它采用双眼瞄准，机械臂可快速转向，实战操作反应迅速，可灵活对垂直、水平各方向上的射击死角进行搜索、瞄准、射击，是当今作战效率最高的拐弯枪。

现实的作战需要促使拐弯枪设计理念的进步

最近美军对城市作战新技术概念进行论证的 4 个方面论题指出：第一，要评估能够在城市作战中占支配地位的各种技术；第二，开发新战术、新技术及如何使用新战术、新技术的方法；第三，如何使作战部队适应这些新战术、新技术；第四，将新技术迅速转化为部队战斗力的步骤。美军这种将战术建立在技术兵器基础上的理论早已被经过长期战火磨炼的以色列军人吃透。以色列军方除为士兵提供防弹头盔、防弹背心、耐割手套、护膝、护目镜和听力保护装置外，深知在城市作战中进攻就是最好的防御，于是重点研发能在城市复杂作战环境中可避开建筑物拐角、掩体、路障等火力死角进行搜索观察、瞄准、射击的拐弯枪。

首先，以色列在研制名为“投标”的未来士兵武器系统时，将头盔、人体、武器系统有机结合，形成了武器的拐弯射击能力。

其次，以色列还和德国联合研制名为“铁拳”的士兵武器系统。该系统安装在以色列研制的 5.56 毫米 TAR — 21 突击步枪上后，也可伸出墙角或举过头顶进行射击。但是，“投标”和“铁拳”武器系统属于未来装备，其性能须适应多种作战要求，拐弯射击仅属性能之一。

最后，以色列专家决定利用突击步枪拐弯射击的某些原理和装置，研制一种能适应城市作战、反应迅速、灵活机动的拐弯枪。

拐弯枪到底好不好用呢？

其实，这种担心是完全多余的。拐弯枪设计合理，其操作比较简单，一般射手稍加训练便能掌握拐弯射击要领，熟练射手一秒内就能连续完成拐弯、瞄准、射击动作，并命中 10 米处目标。该枪射击部分使用手枪既能减小后坐保证精度，又满足了城市作战近距射击的战术要求。手枪的有效射程通常是 50 米，而城市反恐作战射击距离大都在 20 米以内，室内射击距离有时只有几米，而这正是手枪快速精确射击的距离。由于拐弯枪可用枪托抵肩射击，前架拐弯后有后坐抑制器缓冲，实弹射击的命中精度较高。

拐弯枪的局限性

每一项发明创造都会有其局限性和不足，拐弯枪自然也有。就是当射击死角内有多个敌人的时候，拐弯枪的单发射击就力不从心了。

拐弯枪的“业余生活”

在反恐执勤检查时，拐弯枪还可作为搜爆检查工具使用，可对汽车底盘、床下进行拐弯观察，使之成为观瞄合一的多用途武器。

63. 小如烟盒的直升机执行侦察更方便

直升机最小到底有多小

最近，挪威 Prox Dynamics 公司研制出一款迄今世界上最微小的“直升机”。这款“直升机”的体积只有一个香烟盒大小，持续飞行时间约25分钟，未来可以被广泛应用于间谍活动或者战场侦察。

“麻雀虽小，五脏俱全”

挪威 Prox Dynamics 公司研制的这款纳米直升机被命名为“PD-100 黑黄蜂”，它由一台微型电动机来进行驱动。这种直升机的发动机叶片只有4英寸大小，可以携带一架微型数码照相机，飞行速度达到20英里/小时，持续飞行时间约为25分钟。“PD-100 黑黄蜂”直升机配备着世界上最微小、最轻便的伺服传动装置。这种新型伺服传动装置重量仅为0.5克，它使得新研制出来的“PD-100黑黄蜂”直升机的重量比玩具电动直升机还要轻。但是，“PD-100 黑黄蜂”直升机也存在一些缺陷，这主要体现在它不能像普通直升机那样进行加速或者减速飞行，也无法在空中进行盘旋飞行。研制人员称，“PD-100 黑黄蜂”直升机主要通过地面遥控操作飞行，并通过微型电传飞行控制系统保持平稳。

“黑黄蜂”表现很优秀

目前，“PD-100 黑黄蜂”直升机已顺利通过内部和外部轻风环境下的测试飞行。挪威 Prox Dynamics 公司的官员说，“这种微型直升机可以装进口袋中，只需要短短数秒钟就可以起飞，并且很快就能在遥控装置的控制下抵达设定的位置。它可以很方便地接近敌对位置，或者是进入遭受了污染的建筑物内进行探测。” 在实验飞行时，“PD-100 黑黄蜂”直升机的电池耗尽时，会出现碰撞等问题，但研发人员称这些问题将会很快得到解决。另外，“PD-100 黑黄蜂”直升机的零部件很可靠性很强，也能够很容易地进行更换。挪威 Prox Dynamics 公司正在对该微型直升机进行改进，以使得其持续航行时间能够达到30分钟。

“黑黄蜂”的动力来源

微型直升机“黑黄蜂”能够在空中飞行工作主要取决于其轻重量的电池，这种新型电池质量非常轻，但却能输出功率12瓦特。另外，在其飞行过程中，研究人员称其不再需要额外的泵提供足够的空气供给，目前正在研制的新燃料电池的风力由微型直升机的动叶片直接从气孔中获取。同时，科学家还解决了“黑黄蜂”必需的氢供给的问题，通常制造氢的传统压力罐太重，非常不适用于微型直升机。一位名叫哈恩的研发人员说，“我们建造了一个包含固体钠硼氢化物的小型反应堆，如果向其中注入水，就能生成氢气”。由于直升机在空中飞行状态中始终需要相同数量的能量，这个小型反应堆可以提供持续数量的氢。目前，研究人员已建造了一个轻型燃料电池原型。

“黑黄蜂”的未来并不孤独

参与研制工作的科学家们设想，这种微型直升机可以配备给在前线作战的士兵，这样他们就可以对整个战场环境随时进行侦察和了解，提前获知周边存在危险。微型直升机携带有微型相机，它们可以适时传回各种图像。

与此同时，美国军方也正在培育体内植有电脑芯片的微型“半机械昆虫”，它们背上安放有侦察装置，可被遥控按照人的想法四处飞行。报道说，美国政府和私营实体的一些人承认，他们正在研制这种侦察器。“半机械昆虫”可以跟踪嫌疑人、引导导弹命中目标或在倒塌建筑的各个角落搜寻幸存者。

64. 死亡射线——激光武器显神威

激光武器真的来了

据美国《华盛顿时报》2008年初报道，驻伊拉克美军已经秘密装备了机动型战术高能激光武器系统，以拦截反美武装火箭弹和迫击炮的袭击。

另据英国《经济学家》周刊近日披露，这种首批被称作“宙斯”（Zeus）的真正的战场激光枪目前已部署到前线。

“宙斯”的真正用途

其实，“宙斯”的设计用途并不是为了杀人，而是为了引爆类似路边炸弹的威胁，从而可使美军士兵不必暴露在敌人的炸弹和狙击枪口之下。由于正在试验运用阶段，目前美军也只有一支“宙斯”激光枪投入了战场，安装在一辆未披露所在战区的美军“悍马”车上。据美国陆军巡航导弹防御系统计划办公室负责定向能应用的斯科特·麦克菲特斯说，如果效果良好，一年后就会再增加12支。

激光武器的优势：速度快、打得准、能量强、省钱、环保

“宙斯”激光枪的外形、重量、操作方法与普通步枪差不多，是一种激光轻武器。这种枪准确性高，无后坐力，无声响，不需计算提前量，也无需弹药保障。自美国开始大力推行其国家导弹防御系统计划开始，激光武器以其无可比拟的优势一直受到美国防部的特别重视与倚赖。许多军事专家预测，美军此次激光武器的实战部署以及研制现状，可能引发未来战场“新的军事行动革命”。

激光武器以其传输速度快、能量集中等特点，受到当今军事强国的普遍关注。与传统武器相比，激光武器具有精度高、拦截距离远、火力转移迅速、持续战斗力强等特点。尤其在速度方面，激光武器以30万公里/秒的光速投送高能激光束，与光速相比，火箭弹的速度相当于静止状态。激光束比普通枪弹要快40万倍，比导弹的速度快10万倍，所以无需计算提前量，只要瞄准便可百发百中，指哪打哪，命中率极高。此外，激光武器每次使用的费用很低，通常在几千美元左右，与每枚成本达几百万美元的导弹相比十分便宜。美军在阿富汗与伊拉克同时展开两场“反恐战争”，消耗巨大，光是2007年度的经费就花去上千亿美元。激光武器可以“重复使用”，既节约了开支，又减轻了后勤保障的包袱。有人计算过，一枚制导导弹的成本可达几百万美元，但具有同等效能的强激光武器每次的使用费用却非常低，通常在几千美元左右，只是导弹成本的 1%。

此外，激光武器“绿色”无污染，不易受电子干扰，属于比较干净的新杀伤机理武器。

未来激光武器的发展道路——称霸太空的天基激光武器系统

IFX 计划是美国天基激光武器发展计划，是美国防部科研局与美国空军共同勾画的 21 世纪用激光武器进行太空作战的美好蓝图。此计划预计到 2013 年完成，计划的前期和中期工作目前已完成。天基激光武器的激光器项目设计在 700 ~ 1300 公里的高度部署 20 ~ 40 颗卫星，每颗卫星将携带捕获、跟踪和瞄准系统以及高能激光器。捕获、跟踪和瞄准系统使用低功率目标照明器，工作方式类似于机载激光系统。高能激光器射程 3000 公里以上，储存的燃料能与大约 100 个目标交战。天基激光器系统打算攻击处于助推段的弹道导弹，可提供全天候连续全球覆盖能力，而且不需要事先知道发射点。1981 年，苏联在宇宙系列卫星、飞船和“礼炮号”空间站上进行了 8 次激光武器试验均获成功。1981 年 3 月，前苏联利用一颗卫星上的小型高能激光器照射一颗美国卫星，使其光学、红外电子设备完全失灵。1997 年 10 月，美国用激光炮两次击中在轨道上运行的废弃卫星。

65. 单兵飞行器给未来战士一双飞翔的翅膀

单人飞行器，给人插上翅膀

近些年来，单人飞行器的发展可以说是方兴未艾。各国不断地新问世了不少单人飞行器，它们有的采用螺旋桨式设计、有的利用喷射压缩氦气为动力，有的则是利用小型火箭发动力为动力。而目前这些飞行器中速度最快、飞行距离最长的单人飞行器是由瑞士人维斯·罗西发明的飞行器保持的。2007 年，他和他的单人飞行器曾创造了每小时 304 千米的世界最高纪录。2008 年 5 月，维斯·罗西和他的飞行器在爱尔兰西海岸以 5.45 分成功完成了 17 公里的独立飞行，刷新了世界上单人独立飞行的最长距离。

飞行器的飞行设计原理和飞行器构造

今年 48 岁的维斯·罗西曾是一个出色的瑞士战斗机飞行员。自 2003 年以来，维斯·罗西共花了 5 年时间和近 40 万美元用来建造和完善他的单人飞行器。从外形上来看，维斯·罗西设计的单人飞行器属于传统固定翼结构的飞行器。整个飞行器由左右两扇翼尖带翼刀的可折叠式机翼、固定在机翼下的 4 台微型涡轮喷气式发动机、简易的操控系统、固定架及固定带和一个背在维斯·罗西肩上的用于飞行器着陆时使用的降落伞包五大部分构成。

从剖面上来看，维斯·罗西设计的单人飞行器的飞行翼呈现出上凸下平的物理特征，也就是人们通常说的流线型。根据空气动力学原理，维斯·罗西的单人飞行器在飞行时，流经其上翼面的气流受挤，流速加快，压力减小，甚至形成向上的吸力，而流过单人飞行器下翼面的气流流速减慢，于是在飞行器上下翼面之间就形成了压力差。正是这个压力差，为维斯·罗西及他的单人飞行器提供了升力，使得他可以像鸟儿一样在天空中盘旋和飞翔。

飞行器的操纵

整个飞行器的操控系统比较简易。飞行器共有两个主操作杆，分别位于左右两个机翼翼根下方的位置。这两个操作杆既是维斯－罗西在飞行时用于固定手臂的支点，也是两侧各两台发动机的油门。单人飞行器既没有在飞行器后部上方设计一个可防止飞机翻滚和控制水平飞行方向的竖直尾翼，也没有在机翼后边缘上设计一对可控制飞行器上下仰俯的襟翼。不过，这并没有阻碍维斯·罗西的飞行活动。在飞行中，维斯·罗西正是通过对两侧发动机油门的调整来实现在空中的加速、减速及左右转向等动作。而由维斯·罗西肩背的降落伞包则是为了实现飞行器和维斯·罗西个人的安全着陆之用。另外，在飞行器空中出现故障时降落伞包也能起到救生的作用。

飞行器的性能

维斯·罗西发明的单人飞行器主要为金属材质，整个飞行器上除了发动机外，其余包括两副机翼都是使用航空级的铝合金制造。这种铝合金具有重量轻、强度高的特点。飞行器总重为54公斤，翼展为2.4米。由于发动机的动力不足，目前该飞行器还不能实现从地面上垂直起飞，只能由飞机带到一定飞行高度后再进行出舱飞行。

单人飞行器的发展前景

目前，在维斯·罗西单人飞行器的基础上，德国一家研究机构开发出了一种更具有操控性的单人飞行器，大大提高了这种飞行器的实用性。经过改进的单人飞行器被命名为"狮鹫"，开发机构希望它能够用于未来的伞兵行动中。"狮鹫"单人飞行器同维斯·罗西的飞行器相比，首先是由于大量采用了最新的航空复合材料，"狮鹫"的重量比维斯·罗西的飞行器略轻，加上降落伞包整个重量控制在50千克上下。另外，"狮鹫"单人飞行器的翼展较维斯·罗西的飞行器有所减短，但机翼上增加了控制面。"狮鹫"的设计师在单人飞行器的机身后部设置了两个小的垂直尾翼，有助于提高飞行器在空中飞行时的横向稳定性。同时，还在飞行器机翼的后方增加了两个可上下活动的襟翼，从而实现了飞行器在飞行中上升和下降时的可操控性。

单人飞行器的军事用途——单兵飞行器

目前，世界各主要军事强国都在关注这种单人飞行器的发展和军事用途。美军更是将可能由其发展而来的单兵飞行器看成影响未来作战的十项关键性技术之一。美军认为单兵飞行器将极大改变陆战战场的格局。同时，由于单兵飞行器价格相对低廉、使用较为简易，一旦大量装备部队，可大大提高士兵的野战机动能力，使士兵的行动像飞机一样不再受地理条件的限制，可以说是给士兵插上了飞翔的翅膀，这必将对未来的作战产生深远的影响。

66. 见识几种不一般的子弹

随着现代军事技术的不断发展及各种战争环境的需要，枪的子弹发生了许许多多的变化。在子弹家族中，存在着一些外形和普通子弹无异、但功用和原理却大不相同的特种子弹。

窃听弹——子弹可以侦察

美国最近研制成功一种传感侦察弹，外表与普通枪弹相似，直径约1厘米。弹头内藏着超高频发射器和微电子芯片，枪弹发射后，射到敌人指挥部和工事上，弹头就固定在那里，弹头内的传声器便开始工作，日夜窃听周围信息。它可窃听方圆10米内的谈话，并把窃听到的情报传送回来。战场侦察员常利用这种窃听弹侦察前进路上有没有敌人在活动。

窃听弹用特制的枪具进行发射，且不发出响声。红外侦察弹能发出很强的肉眼看不见的红外辐射，有很好的侦察功能。它可以为己方工作在红外波段的光电器材提供辅助光源，扩展其使用范围，提高其夜视能力。与此同时，它自身也能在黑暗情况下准确侦察和监视敌方的活动，并把获得的信息传回己方指挥部门。

救命弹——受伤了再补一枪

弹药是用来杀伤敌人的，但有一类弹药却能用来救死扶伤，被称为“救命弹”。针对战场上出现战伤而医务人员短时间内又难以靠近的难题，美军研制出一种救命弹，弹体用一种可溶性高营养物质压缩而成，能被人体迅速吸收，其内部装有一定剂量的急救药品，有快速止血药、高效抗感染药、兴奋中枢药、解毒药和营养药等。当战伤或生命垂危且医务人员又不能靠近时，伤员就发射这种子弹进行急救，以维持其生命。这种救命弹用普通枪支就可以发射，在越战战场和“沙漠风暴”行动中，救了不少美军的性命。最近，美军将最新开发的“救命子弹”装备驻伊美军。当救命弹进入人体后，能迅速发挥药用，减轻病人痛苦，挽救危重病人，达到“救命”的特殊作用。

此外，救命弹之中还有电弹、营养弹等。被毒蛇、野兽等咬伤或某些内伤会引起人体剧烈疼痛，厄瓜多尔的医务人员采用电弹向上述人员射击，使其在3分钟内发挥止痛效果，15分钟内剧痛完全消失。地震后被埋在废墟中或登山被围困在山中的人，都会因长时间无食物和水而严重缺乏营养。这时，定期向他们发射富有营养的子弹，也可挽救他们的生命。

专门攻击敌方电子系统——电磁脉冲子弹

电磁脉冲子弹的原理和电磁脉冲炸弹相同，只是体积和外形与普通子弹相似，作用的范围也比大功率的电磁脉冲炸弹小得多。它爆炸后产生强大的电磁波，能摧毁敌方的雷达、通信设备、武器指挥系统和导弹制导系统等。

“电磁脉冲”的原理是核电磁脉冲。当原子弹、氢弹爆炸的时候，其放射线能使空气电离、产生康普敦电流，由于产生一个强大的瞬变电磁场，在一定距离上使一些电子设备会感应出一个比较强的浪涌电压和电流，这个浪涌信号在一些缺乏足够防护能力的电子器件上会造成紊乱，导致系统出现误码、记忆信息抹掉而“神经错乱”、“发狂”等，或使其性能下降，甚至出现毁伤现象。

打坦克的子弹——箭形子弹

箭形枪弹的弹头像一支小箭，又细又长，弹尾带有小小的尾翼。箭形枪弹带有尾翼后大大地提高了枪弹的飞行稳定性，因而命中率比普通枪弹高。箭形枪弹射中目标后，箭头能钻进目标，具有穿甲能力。美军装备的一种箭形枪弹，能在130米距离处击穿6.3毫米厚的钢板。这种箭形枪弹可用来打坦克，对付装甲目标。箭形枪弹分为单箭形弹和集束箭形弹两种。单箭形弹为单发枪弹，集束箭形弹可装多发枪弹。有一种集束箭形弹可装32支小箭弹，每支小箭弹质量不到1克，用大口径滑膛枪发射，一次射击，多箭齐发，提高了命中率，可用它来对付坦克群。

有大脑的子弹——智能枪弹

智能枪弹是一种装有传感器的枪弹，弹头射出后初速高、射距远，能探测到目标的方位、距离，并能自动跟踪目标。美国研制了一种能自动跟踪的智能枪弹，这种智能枪弹装有微型传感器，可识别目标，跟踪射击，在激光引导下能命中几千米远的目标。由于智能枪弹命中率高、战斗威力大，既可用来对付陆上机动目标，也可用来进行对空射击。

67. 高科技涂料打造“空中幽灵”

隐形对于一般人来说都不陌生，虽然这些说法大多数来自小说和神话，但是在现实生活中也不乏隐形的例子。比如说变色龙就能够通过改变自己的颜色来进行隐形。人们通过研究仿生学，并且应用了最新的技术和材料，终于在庞大的飞机上也实现了隐形，是他们变成了名副其实的“空中幽灵”。

揭开“幽灵”的面纱

隐形战机是指雷达一般探测不到得战斗机，所以被称为“空中幽灵”。“空中幽灵”实际上是人们对隐形战斗机的一种形象的称呼。隐形战机之所以会得到这样一个美誉，正是因为它们能有效地躲避雷达的跟踪，做到像幽灵一样行踪诡秘。

从原理上来说，隐形飞机的隐形并不是让我们的肉眼都看不到，它的目的是让雷达无法侦察到飞机的存在。隐形飞机在现阶段能够尽量减少或者消除雷达接收到的有用信号，虽然是最为秘密的军事机密之一，隐形技术已经受到了全世界的极大关注。

隐形战斗机有效躲避雷达凭借的是什么“宝物”呢？这其中的原理又是什么呢？

众所周知，地面对飞机的检测和防御主要是通过雷达实现的。雷达的主要作战原理是靠发射电磁波然后检测反射回来的信号再通过信号的放大进行工作的，所以要想躲避地面雷达的监控，飞机的机身反射面积的大小问题就成了首要解决的关键。

隐形战斗机就首先克服了自身的电磁波反射问题，它是通过特殊结构设计使得雷达波出现漫反射和通过特殊涂料吸收雷达波，最终使得自身反射面积在雷达天线检测下只有零点几个平方米。这样一来，地面的监控人员根本就不会认为这是一架轰炸机，也更不会轻易地为了这么一只“小鸟”而浪费自己的导弹。等他们真正发现是一架轰炸机再朝自己的方向飞来的时候，那一切就都晚了。

隐形材料为哪般

隐形战机往往能出其不意的实现作战目的，多亏有了能吸收雷达波的“隐形”材料，才使隐形战机上的雷达反射面积尽量变小。从而能轻而易举地从雷达眼皮底下逃之夭夭。

隐形轰炸机的雷达吸波材料可通过阻止反射无线电波来干扰雷达系统。雷达吸波材料多种多样，其中包括非共振磁性雷达吸波材料和共振雷达吸波材料。其中谐振型雷达吸波材料是为了某一频率而设计的、以磁性材料为基础、能把相消干涉和衰减结合起来的吸波材料。宽频带雷达吸波材料通常通过把碳－耗能塑料材料加到聚氨酯泡沫之类的基体中制成，它在一个相当宽的频率范围内保持有效性。把雷达吸波材料与雷达能量可以透过的刚性物质相结合，形成雷达吸波结构材料，这种材料还属于保密的吸波材料之一。运用最新的材料，隐形飞机在雷达上反射的能量几乎能够做到和一只麻雀的反射能量相同，仅仅通过雷达就想分辨出隐形飞机是非常困难的。

共振雷达吸波材料则只在一个很窄的频率范围内有效，不过只要雷达波频率在该材料的设计范围内，它的效率就非常高。经计算，这种材料的厚度与雷达波的波长一致时，就能像被“调谐”了一样可吸收特定频率范围的信号。

“空中幽灵”的未来

就像海绵只能保存一定量的水一样，隐形材料理论上也只能储存和散发有限的雷达波能量。然而在实验室条件下，工程师们以大大超过实际生活中会遭遇的雷达波能量检测隐形材料，以确保隐形材料在实际使用过程中的有效性。这样一来，隐形战机的制造工艺就会越来越高，同时，人们也会积极地研制更高级，更敏锐的雷达去阻止这种幽灵杀手。这也将是一个互相博弈的、此消彼长的过程。

68. 适应能力更强的新一代军用机器人

寻根溯源

机器人最早是在科幻和文学作品中出现的。1920 年，一名捷克作家发表了一部名叫《罗萨姆的万能机器人》的剧本，剧中叙述了一个叫罗萨姆的公司把机器人作为人类生产的工业品推向市场，让它代替人类劳动，引起人们广泛关注。这个故事被后来的人当成是机器人的起源。实际上，真正机器人的出现，是在1959年。那一年，美国人英格伯格和德沃尔制造出了世界上第一台工业机器人，他们因此获得了“世界工业机器人之父”的殊荣。

经过40多年的发展，如今的机器人家族可谓是人丁兴旺。机器人已经逐渐进入了人类生活的各个方面，并能走上战场执行特殊的作战任务。

机器人的功用德演化——从家庭杂物到军事任务

目前，美军中有100多项战斗任务可由军用机器人承担。2002年，美军首次将名为“赫尔姆斯”、“教授”、“小东西”的军用机器人士兵应用于阿富汗反恐战场。截至2004年，美军仅有163个地面军用机器人。但在伊拉克战争的促进作用下，美军投入战场的地面机器人迅速增加到了5000多个——其中比较先进的是美国Foster-Miller公司的“剑”和“爪”型机器人，他们分别被美军用于排弹和武装巡逻。它们的功能十分的强大，能完成包括战场侦察与监视、目标捕获与指示、搜索与扫雷、通信中继、输送物资、直接攻击目标等战斗任务。

据美国军方预测，到2020年，现代战场上的机器人数量将超过士兵的数量。随着新一代军用机器人自主化、智能化水平的提高并陆续走上战场，机器人战争时代已经不太遥远。也许，在未来军队的编制中，将会有“机器人部队”和“机器人兵团”，也许还会有专门培养指挥机器人作战的军事院校。在未来战场上，机器人也能像士兵一样冲锋陷阵，建立功勋。

机器人更新———代更比一代强

虽然说大量使用机器人替代人类士兵就不用再担心士兵的伤亡问题，但机器人的效能和人类士兵相比仍有很大差距，而且装备如此众多的机器人后，对后勤方面的要求也会逐渐开始增强。所以，为增强了机器人在战场上的灵活性，降低维护成本，美国的机器人制造公司Foster-Miller公司近期又推出了模块化设计的MAARS机器人系统。

通过独特设计的底盘，MAARS系统能够让机器人的操作员轻易地进行电池或电子设备的维护工作，并且加大了有效载荷和扭矩，不仅提高了机器人的行驶速度，而且使之具有了更好的刹车性能。改进的战场形势感知系统以及数字控制系统令操作员能够得到更加准确的反馈信息，并更加有效地操作机器人。

MAARS 所装备的新型机械臂能够提起大约 45 千克重的物体。而且，由于采用了系统模块化设计，机械臂能够被很容易地换成装有 M240B 机枪的机枪塔，进而将系统由识别并拆除路边炸弹的工具变成远程遥控的武装机器人。

另外，机器人的驱动方式也能够选择履带式或轮式，让机器人具有更好的越野性能或更高的运动速度。

机器人士兵的未来

随着现代科技的发展进步，机器人人工智能技术也会大踏步地向前发展，机器人士兵的普及部分代替人类士兵，并能和人类士兵一样履行好自己的职责只是时间问题。但目前为止还没有任何迹象显示机器人可以完全代替人类完成作战。这里不仅有伦理道德和战争法问题，还有就是目前的技术不足以支持产生终结者这样的完全自我意识的机器人，迈入宇航时代的人类甚至对自己的大脑还没有彻底了解。

同样的，希望到了机器人人工智能达到了很高的程度的时候，我们人类研制的机器人不会像电影《未来战士》里面演的那样，出现机器人“造反”的情况。

69. 蚕吐蜘蛛丝可制作防弹背心

防弹背心 ABC

防弹背心是一种能吸收和耗散弹头、破片动能，阻止穿透，有效保护人体受防护部位的一种单兵护体装具。主要用于防护弹头或弹片对人体的伤害。

目前的防弹背心主要由衣套和防弹层两部分组成。其中防弹层是用金属（特种钢、铝合金、钛合金）、陶瓷（刚玉、碳化硼、碳化硅）、玻璃钢、尼龙、开夫拉等材料，构成单一或复合型防护结构。衣套则常用化纤织品制作。防弹层可吸收弹头或弹片的动能，对低速弹头或弹片有明显的防护效果，可减轻对人体胸、腹部的伤害。

防弹背心分软体、硬体和软硬复合体三种。软体防弹背心的材料主要以高性能纺织纤维为主，这些高性能纤维远高于一般材料的能量吸收能力，赋予防弹背心防弹功能，并且由于这种防弹背心一般采用纺织品的结构，因而又具有相当的柔软性。

防弹背心的性能问题

作为一种防护用品，防弹衣首先应具备的核心性能是防弹性能。同时作为一种功能性服装。它还应具备一定的穿着性能。防弹衣的穿着性能要求一方面是指在不影响防弹能力的前提下，防弹衣应尽可能轻便舒适，人在穿着后仍能较为灵活地完成各种动作。另一方面是服装对“服装－人体”系统的微气候环境的调节能力。对于防弹衣而言，则是希望人体穿着防弹衣后，仍能维持“人－衣”基本的热湿交换状态，尽可能避免防弹衣内表面湿气的积蓄而给人体造成闷热潮湿等不舒适感，减少体能的消耗。

坚韧的蜘蛛丝

到目前为止，世界上的许多文化族群都在利用蜘蛛丝：玻利尼西亚的渔民用这种金黄色球形蜘蛛的丝来做钓鱼线；巴布亚新几内亚的居民则将蛛丝放在头上遮挡阳光；二战期间，黑寡妇蜘蛛的丝被用来在枪支的瞄准镜上……

如今，日本研究人员经过研究，成功地将蜘蛛基因注入桑蚕中，使蚕有望能产生出一种比传统的丝更结实、更柔软、更耐用的细丝，它比羽毛轻，却比钢还坚韧，可以作为从紧身衣、渔网，到防弹背心等各种东西的制作材料。

这个实验研究小组是由昆虫遗传学教授中垣雅雄领导的。他们在寻找大批量生产蜘蛛丝的方法上打败了全球各地的竞争对手。这全得益于中垣雅雄教授的大胆创新。因为蜘蛛的地盘观念和同类相食本性相当强烈，所以传统的“饲养”蜘蛛的方法被证实是不可行的。于是中垣雅雄教授带领大家采用桑蚕来大批量生产蜘蛛丝。这不仅仅是因为桑蚕更易管理，还因为桑蚕丝用于生产布料已有 5000 多年的历史了。

在日本，金黄色的球形蜘蛛“棒络新妇” 因其惹人注目的黄、黑、红三种鲜艳的颜色被称为“情妇蜘蛛”。研究人员将这种蜘蛛的基因注入桑蚕的卵，破卵而出的桑蚕幼虫结茧，茧的 10% 由蜘蛛蛋白质组成，这些茧最后再被纺成丝，人们就可以用它来实现各种各样的用途了。由于蚕茧中的蜘蛛蛋白的含量越高，其韧性和强度越大，所以中垣雅雄教授希望将蜘蛛丝所占的比例增加到 50%。

蜘蛛丝的广泛运用和光明前景

蜘蛛用来爬上爬下和搭建蛛网所用的“牵引丝”拥有任何自然物质中最高的强度，是同等粗细的钢丝的 5 倍。在冲撞的耐受力方面，它毫不逊色于“凯夫拉尔”这种用于防弹背心和人体盔甲的高强度塑料纤维，而且蜘蛛丝做出来的防弹背心，其舒适度也会大大增强。

因为这种蚕吐蜘蛛丝的高强度和高韧性，使它不仅可以用作防弹背心、人体盔甲等设备，还可以被广泛地应用到生活中的各个方面，包括网球拍、钓鱼线、渔网等。更难得的是，和污染海滩、危及海鸟的尼龙线不同，蜘蛛丝是纯天然的，它能够随着时间的流逝而自然降解。所以显微外科医生还能在手术后将蜘蛛丝用作缝合线。

随着像蜘蛛丝这样新的天然材料的科学批量生产与应用，我们的生活变得越来越自然和健康。

五、体育科学

70. 蹬水——灵活的脚踝让你游得更快

什么是蛙泳

蛙泳是模仿青蛙游泳动作的一种游泳姿势，也是最古老的一种泳姿。蛙泳时，游泳者可以很方便地观察前方是否有障碍物，避免撞上障碍物。18 世纪中期，在欧洲，蛙泳被称为“青蛙泳”。由于蛙泳的速度比较慢，在 20 世纪初期的自由泳（不规定姿势的自由游泳）比赛中，蛙泳不如其他姿势快，使得蛙泳技术受到排挤。随后国际泳联规定了泳姿，蛙泳技术才得以发展。蛙泳是竞技游泳姿势之一。人体俯卧水面，两臂在胸前对称直臂侧下屈划水，两腿对称屈伸蹬夹水，似青蛙游水。蛙泳较省力，易持久，实用价值大，常用于渔猎、泅渡、救护、水上搬运等。蛙泳比赛项目有男女 100 米、200 米等。当今世界最有名的蛙泳运动员当属日本的“蛙王”北岛康介了。

你知道北岛康介为什么被称为“蛙王”吗

北岛康介是当今亚洲男子泳坛第一人。自 2002 年釜山亚运会上打破尘封了 10 年之久的男子 200 米蛙泳世界纪录后，北岛康介又在 2003 年世锦赛上打破了 100 米和 200 米蛙泳的世界纪录。他是当今世界泳坛最闪亮的明星之一，因为他十分擅长蛙泳，所以被世界媒体称为“蛙王”。

“蛙王”为什么能游得这么快

“蛙王”北岛康介之所以游得快，与他有效减小了身体投影面积有极大的关系。那么，怎样才能有效地减少自身的投影面积呢？

职业蛙泳运动员在比赛的时候会出现一个重大失误——他们有时会瞬间减速甚至停顿。这主要是因为腿部在收翻时，前方身体投影面积（水平方向）突然增大，这样就会大大地增加水对身体前进的阻力，使身体突然减速。但亚洲“蛙王”北岛康介已经明显削弱了这一不利因素，从不多的水下镜头看，他的前冲相对“前低后高”，而且收腿较迟，几乎是在前冲完成之后进行。这样一来，前方身体投影面积就会小于身体水平或上起时收翻的投影面积，使收腿时双腿增加的面积部分重叠在先前的身体投影面积中，避免总面积明显增加。同时，前低后高的姿势还增大了大腿收翻时的前冲力——对水流方向没有形成正面阻力时就已经开始了蹬夹动作。此外，北岛康介在浮出水面时身体拉得较低，几乎看不到双肩，介于平蛙技术与高拉技术之间，这样不仅节省了部分高拉所需的能量，减少腰背反弓和前冲反弹的疲劳，而且还增加了向前冲的距离。

运动科学研究的新发现

研究运动科学的科学家们最新发现：强壮而灵活的脚踝对一名蛙泳选手的成功起着至关重要的作用。“蛙泳运动员的脚踝就像网球运动员的手腕一样重要。”北岛康介的教练平井伯昌说。研究表明，在快速转动脚踝之后，速度会得到提升。平井伯昌表示，每一名优秀的蛙泳运动员或多或少都会运用到这一技术，而他们则正在对这一技术进行完善。身体在水中的姿势以及在阻力最小时的滑行能力都对这一技术起着重要作用，在快速转动脚踝之前，运动员应尽量将双臂从还原位置向前伸出。这样就能有效地减少水流的阻力，提升自己的速度。

71. 杀球——出众的胸肌让杀球更有力

羽毛球杀球的技术动作

羽毛球比赛中，杀球有最犀利的进攻方式，让我们首先来看一下杀球的要领：

1）准备杀球之前先侧身，左脚在前，两脚的脚尖着地，并且用快速的步伐后退，使击球点在你的右肩前上方。因为击球点靠后的话就只能打高球了。

2）杀球前身体后仰，基本成弓形，这样会使你用上全身所有的力量。

3）杀球前握拍一定要放松，手心和拍柄之间要有缝隙，这是最重要的。因为只有先放松才能用得出力量杀球，否则如果握拍一直很紧的话，手腕的力量就肯定使不出来了。所以要在杀球的瞬间握紧拍子使劲杀球。

4）杀球的瞬间靠的是手腕和手指（手指主要是食指）的爆发力，就像抽鞭子一样，这也是羽毛球所有后场技术都注重的。和网球不一样，羽毛球绝对不能通过甩大臂来发力，否则球过去后不但没有速度还会使自己受伤。

5）起跳的时候大概在球开始下落的时候，并且双腿要先保持微屈的姿势，靠脚尖蹬地的力量起跳杀球，杀球后立即转身，左脚在后且先着地，右脚落地后即回到场地中心位置。

胸肌发达杀球更有力量

在羽毛球比赛中，要想打出速度极快，角度极刁的扣杀球，除了要具备一定的技术和弹跳能力外，还需要有出众的胸肌。

因为杀球特别是男选手那样的跳杀球是要把全身有限的力量全部用在杀球的瞬间，使球的速度达到极致。作为女选手，用跳杀球很少，但是无论什么样的杀球，都要在杀球之前先将身体后仰成弓形，然后身体的力量由腰到胸再到上肢最后作用到球上。胸作为中转站，胸肌就起着至关重要的作用，所以作为男选手，练好胸肌是最重要的前提。

杀球不仅是得分的重要手段，还是使本方由被动转化为主动的好方法。在一场男子羽毛球双打比赛中，杀球使用率约为 19%，仅次于平抽球（22.4%）和挡网前球（20.6%）的使用率。而我国男子双打头号组合蔡赟与付海峰在比赛中的杀球率更是达到了 19.7%，在他们所有的击球动作中列第二位，这也充分发挥了付海峰的优势——他是目前世界上杀球速度最快的运动员之一。

最新实验研究发现，想打出像付海峰、林丹那样精彩的大力杀球，除了要具备绝对的技术和弹跳能力以外，还有一个必不可少的基础——出众的胸肌。北京体育大学乒羽教研室讲师戴劲认为，不论是头顶杀球还是跳杀，都需要把身体有限的力量全部用在杀球的瞬间，使球速达到极致。虽然在这一过程中上肢和腕部力量起着至关重要的作用，但作为中转站，胸肌的作用不可小视，它将使运动员的杀球更有力。

72. 压板——完美一跳来自成功的压板

什么是跳水

跳水是一项优美的水上运动，它是从高处用各种姿势跃入水中，或是从跳水器械上起跳，在空中完成一定动作姿势，并以特定动作入水的运动。跳水运动包括实用跳水、表演跳水和竞技跳水。跳水运动在跳水池中进行。跳水运动员从1米、3米跳板，或从3米、5米7.5米和10米跳台跳水。跳水运动要求有空中的感觉，协调、柔韧性、优美、平衡感和时间感等素质。但是对于跳板跳水，压板的技术是很重要的。

压板的技术

跳水运动员在比赛中能否实现完美的一跳，主要就取决于在压板时获得的跳板反作用力的大小。要想在跳板跳水比赛中取得优势，就必须高质量地完成高难度动作，而高质量首先要体现在起跳的高度和完成动作的速度上。目前在3米板项目中，已经出现了向前翻腾四周半以及翻腾兼转体三周半至四周半的高难度动作。裁判判断一个跳水动作的成功与否，在很大程度上会以腾空阶段的动作为依据，而腾空质量的好坏则取决于腾空前的压板起跳——在压板时就决定了腾空的高度和角动量。压板开始时，运动员的踝、膝、髋关节几乎会同时弯曲，从着板到板下压时间内，由于速度的变化，运动员可获得一个向上的加速度。这个向上的加速度产生于髋与膝关节的伸肌的向心收缩，也产生于两臂上摆的加速度。这个加速度越大，跳板的下压就越深，运动员的腾空也越高。

压水花的科学研究最新发现

我们在欣赏跳水比赛时，看到运动员那飘逸的空中动作，像针一样插入水中的入水动作把我们带到了尽善尽美的技术和艺术境地。运动员在跳板跳水时关键在于合理利用跳板的反弹力,以获得更好的起跳角度和高度。因此，走板和起跳是跳板跳水技术的基础。整个身体的压板动作要与跳振动节奏相吻合。

跳台跳水技术在助跑和起跳方面都与跳板跳水截然不同。它是以较快的速度助跑，不需要高的跨跳步。做臂立跳水时，运动员走到跳台前端，抓住跳台前沿身体垂直，保持稳定平衡，然后完成各种姿态优美的跳水动作。

压水花技术自20世纪70年代以来已为世界各国的优秀运动员所掌握。运动员在入水时,两臂用力伸直,在将要入水的一瞬间手掌上翻、掌心朝下,身体与水面成90度或接近90度的入水角度。完美的跳水动作最后要用入水来完结，入水水花的大小是决定入水动作是否完美的一个评判标准。作为世界跳水的超一流强国,中国对跳水各项技术的研究都处在世界的前沿。

我国体育科研人员正在重新对压水花这一基本而重要的技术动作进行研究。跳水界许多人认为，压水花很容易，尤其是对身材娇小的运动员，但科研人员并不完全认同这一观点。“大多数运动员还没有解决好这一技术问题。”首都体育学院专门从事运动生物力学研究的钱雯副教授说，“压水花不仅仅是入水瞬间的技术问题，它与起跳、空中动作、打开时机都有关系。”她认为，可以从运动生物力学的角度提高压水花的质量，而不仅仅是通过进行大运动量训练。

73. 跳投——控制好四头肌可以让你跳得更高

跳投最先起源于美国的NBA。在NBA成立初期，球员习惯于原地站立投篮；20世纪50年代早期，费城勇士的球员保罗·阿里辛首次采用跳投方式。由于跳投的躲避封盖效率明显提高，以至于慢慢流行于整个NBA乃至国际篮坛，成为当今篮球比赛中的主要得分手段；而原地投篮除了应用于罚篮外，在比赛中已不多见。

跳投除了一般的直线起跳投篮和后仰投篮外，还有适用于背对篮筐球员的转身跳射(Turn around Jump Shot)，在跑动过程中的单脚起跳投篮(也称作跑投)。

跳投的种类

跳投分很多种，最简单的是基地跳投，由此还衍生出急停跳投、后仰跳投以及抛手投篮。基本的基地跳投动作要领是这样的：首先，要小腿弯曲，把力量集中在腿肚上。然后举起手臂，两只手臂形成“V”字形，把篮球举过头顶，用力跳起，顺势用手甩出篮球。手的细节动作是这样的：左手拇指和右手拇指形成“T”字形，右手食指按在球面圆心，注意拨指，食指最后离开球，注意不要左手往出抛球，这样会影响球的路线。至于急停，最好先找个好球鞋。在跑动时注意脚步动作，急停时两脚要成正“八”字形，这样利用脚内侧摩擦力停住，立即跳起，投篮。而后仰跳投需要滞空能力，在基地跳投基础上，起跳时身体后倾，可以防盖。但注意不要后仰过度，否则会摔倒。至于说抛手，就有些类似勾手，但又不同。在背对防守者时，突然转身，用单手把篮球投出，注意是单手，这时，另一只手完全没用，其他动作和基地跳投一样。

为什么雷·阿伦看起来就像是飘浮在空中一样?

在 NBA 联盟中，投篮最准的当属凯尔特人队的雷·阿伦了。

为了揭开篮球运动员跳得更高的秘密，运动科学家们作出了艰辛的努力。科学家们说：你之所以看到一名篮球球员在最高点出手时就像悬挂在空中一样，那是因为他要完成动作必须这样。在起跳的初期他向上的速度是最快的，随着高度越来越高，重力的作用会将他的速度逐渐降低。实际上，雷·阿伦在空中滞留时间的 70% 以上都是在跳跃过程的后半段，这使得他看起来就像是飘浮在空中一样。

按照美国海军军官学校的物理学家、《篮球中的物理学原理》一书的作者约翰· 范塔内拉的说法，一次完美的垂直跳跃会在起跳者开始坠落之前产生一个零速度的瞬间——这也正是进行准确投篮的完美时机。“这就像射击一样，”范塔内拉说，“在击发的瞬间你希望一切都是静止的。”

跳投的优点

跳投的好处是，不像原地投篮那样容易被对手封盖。青少年选手可能会因为腿、手臂、肩部及背部肌肉力量不足而做不好跳投，那完全可以暂时放弃，否则因力量不足而造成的错误动作会影响自信心，使以后力量达到要求后也难以获得理想的跳投技术。

跳投技术的新发现

美国阿帕拉契大学的生物力学教授杰弗里· 麦克布莱德最近的研究表明，那些在预起跳阶段能更好地控制四头肌的球员会跳得更高，比如波士顿凯尔特人队的雷·阿伦。收缩四头肌能拉伸肌腱，而肌腱能像橡皮筋一样释放能量，所以运动员假如能很好地控制时机，就能跳得更高。

74. 撑杆跳——借着新型撑杆挑战世界纪录

撑杆跳高是田径运动技术最复杂项目之一。运动员持杆助跑起跳后，借助撑杆的支撑，在撑杆上连续完成十多个复杂的动作，然后跃过横杆。练习撑杆跳高是增强体质的有效手段之一，它对提高速度、弹跳力、灵巧性和协调性等素质，对培养勇敢顽强、机敏果断等意志品质，都有积极的意义。

穿着裙子的布勃卡为什么能够屡屡打破世界纪录

除了教练彼得罗夫对伊辛巴耶娃助跑、撑杆和过杆技术潜力的充分挖掘外，伊辛巴耶娃手中的碳纤维撑杆当然也是功不可没。用碳纤维代替玻璃纤维，用环氧树脂取代不饱和聚酯的碳纤维复合材料，让撑杆性能大幅度提高，杆体更轻，弹性和强度更好。

碳纤维是一种纤维状碳材料。它是一种强度比钢大、密度比铝小、耐腐蚀超过钢、耐高温好于耐热钢，同时又能像铜那样导电，并具有优异的电学、热学和力学性能的新型材料。目前撑杆跳高使用的碳纤维撑杆分为三层：外层是高强力碳纤维，可以使撑杆既柔韧又结实；中间是碳纤维带状织物；里层是绷带状的玻璃纤维，以防撑杆断裂或者扭曲。碳纤维杆在受到冲力时能产生大幅度形变，这种形变可以将接受的动能迅速地转化为势能，而当撑杆回复原来的形状时，其机械势能又以弹力势能的形式作用于运动员，将人体弹起。另外，由于撑杆受力后能迅速弯曲，杆绕插头向前转动的半径减小，这样就加大了转动角速度而使撑杆能较快竖直。正是碳纤维撑杆的出现，才使世界男子撑杆跳高的纪录突破了 6 米，女子撑杆跳世界纪录超过了 5 米。

当我们翻开撑杆跳项目的发展历史，就会发现一个颇为有趣的现象，即每一次撑杆材料的革新，都提升了撑杆跳破纪录的频率和幅度，撑杆跳的发展史俨然是一部撑杆技术革新的发展史。当竹竿、金属杆取代了坚硬沉重、没有弹性的木杆后，撑杆跳高的成绩开始节节攀升。轻巧而有弹性的玻璃纤维杆问世以后，助跑速度增加，动能和势能转换效率得到大幅度提高，从而带来了撑杆跳高成绩戏剧性的突破。1963 年，玻璃钢撑杆的使用就让当年撑杆跳成绩的提高幅度超过了过去 20 年的总和。近年来，先进的碳纤维撑杆，更是让布勃卡 35 次刷新世界纪录，让伊辛巴耶娃 22 次打破世界纪录。

碳素纤维撑杆的优势何在

今天竞技场上的撑杆经过不断更新换代，玻璃纤维和尼龙已经为更加轻便、坚韧而富有弹性的碳素纤维和多种复合材料所取代。通过精密的实验和计算，根据撑杆从上到下受力的差异和弯曲的弧度来设计不同部位最合理的强度，现代的撑杆制作工艺日臻完善和成熟，而纳米材料的应用也许会让撑杆跳高“百尺竿头，更进一步”。

对撑杆材料革命的疑虑和抱怨虽然一直没有停息，但谁也不愿意再回到“擀面杖”和“竹筒子”的年代。撑杆跳高演变的历史是一个经典的例证，讲述了新兴材料如何将这项古老运动推向峰巅。所以说，碳素纤维撑杆比其他的撑杆的材质更加轻便、坚韧而富有韧性。

撑杆跳的世界纪录会继续刷新吗

最新科研发现，目前男子撑杆跳的最高纪录是由乌克兰传奇运动员谢尔盖·布勃卡在 1994 年创造的 6.14 米(室外)，从那以后从未有人达到过 6.1 米（大约是篮筐的两倍高）以上的高度。但这个纪录很有可能会在近年被刷新，因为碳纤维和玻璃纤维材料制造的新型撑杆将要取代完全采用玻璃纤维的旧式撑杆。这两种材料的综合应用不但能够减轻大约 454 克的重量，而且反弹速度也更快，能更高效地将杆体中储存的能量还给运动员，就能更好地提高撑杆跳的水平。

75. 球场变革始于足下

美国人还带来了专用比赛地板

2007 年 10 月，NBA 在中国上海和澳门的两场季前赛让无数球迷心旌摇曳、如醉如狂。两支正宗的美国职业篮球队不仅自带啦啦队，还自带专用的赛场地板，这种兴师动众的阵势实在举世罕见。俗话说“百里不运粗”，NBA 脚下的篮球地板究竟是“何方神圣”？值得不远万里空运到中国吗？

地板对篮球运动起了什么作用

这也许要从篮球运动的特色说起。不像举重、拳击、摔跤等项目按体重划分级别以确保公正，篮球场上无论运动员身高几许，球篮都是离地面 3.05 米，这就使得篮球成了“巨人的运动”。一个球队的实力首先体现在“空中优势”上，有了“制空权”就能更好地在对方头顶上传球，而从正上方“扣篮”和“灌篮”时，内径 45 厘米的篮圈在投球的速度方向上是一个正圆，对于 25 厘米直径的篮球有很大的宽裕通过量。随着入篮角减小，篮圈在球的速度方向上变成了越来越“瘪”的椭圆，投进“空心球”的难度就越来越大。计算表明，当入篮角小于 33° 45′ 时，椭圆的短径将小于篮球的直径，这时球就会在击中篮圈后被弹走了。增加投球的出手点高度，可以减小投掷角度，缩短抛物线距离，提高投篮命中率，并防止对方封盖。因此“跳投”便成了优秀篮球运动员的基本功。跳起高度还能够弥补身材的不足。“飞人”乔丹起跳时能够离开地面 120 厘米，在空中“悬停”1 秒钟，除了其自身天赋和运动鞋的功劳外，应该说，脚下的地板也发挥了特殊作用。

NBA 比赛专用篮板质量水平

NBA 比赛专用的篮球地板用硬枫木制成，坚韧度高，变形量小，具有良好的弹性和适度的摩擦力，细密修长的木纤维不会“起刺”。一个球场的 240 多块活动地板如同机器的标准零件，通过精密的滑槽、灵活的枢纽、特制的紧固系统组装成一个严丝合缝的整体。预铺的防潮层和面板之间有橡胶制成的软垫，使地板的“储能模量”增加，因此具有更理想的弹性和减震功能，这便是为什么 NBA 大赛在球队自己带来的地板上进行就更加生龙活虎并“原汁原味”了。

场地对于运动员的作用

体操运动员同样需要“空中优势”，但这里指的不是身材高大，相反高个子会因为转动惯量太大而成为致命的劣势。因为运动员要大大增加身体的转动惯量，于是就更加依赖地板的弹性。此外，乒乓球、羽毛球地板都需达到规定的指标，排球地板则应该具有运动员扣杀和拦网时起跳所必需的弹性。

然而，球类比赛场地中一个绝无仅有的例外便是沙滩排球。

松软的沙滩和密实的地面有着不同的力学传导特性。如果把坚硬的固体比作“力的良导体”，那么沙层就只能算“力的半导体”了。当运动员的腿部蹬伸时，脚下的沙子会流动和被压缩，延长力的作用时间，减少脚对地面的冲击力，同时使脚得到较小的反作用力。沙层受力后没有“弹性形变”，只有“塑性形变”，对脚不产生任何能量回输，因此沙滩排球运动员的腿部爆发力难以发挥，无论跳跃高度、奔跑速度、制动时间都大打折扣。有测试表明，沙滩排球运动员扣球起跳时身体重心垂直上升速度为每秒 2.72 米，室内排球则为每秒 3.52 米，而沙滩场地要的就是这个效果。

可别以为排球用沙的来源多如“恒河之沙”。根据国际排联苛刻的标准，石英沙粒的形状太圆会影响场地硬度，太有棱角会在运动员倒地产生剧烈摩擦时感到疼痛，因此必须经过专门程序打磨；沙的颜色太白或太黄都会影响电视转播效果，而必须将色度“勾兑”得恰如其分；沙中的粉尘会使沙地在下雨后板结，刮风时扬灰，因此必须彻底清除。2008 年北京奥运会沙滩排球的 17000 吨专用沙经过 18000 公里中国海岸线勘查，最后选自海南省东方八所，并经过加拿大实验室检测后才车载船装运到北京，一袋沙比一袋米还贵，身价和待遇照说也不低于 NBA 篮球地板了。

六、能源科学

36. 燃料电池汽车——未来汽车生力军

能源危机呼唤新能源

日常生活中，我们出行乘坐的交通工具、工作时的工厂企业都需要能源的支持。我们吃的食物、穿的衣服等所有的一切也都是以能源为基础的。能源对我们是如此的重要，不敢想象没有能源人类社会如何生存。

可是长期以来，我们使用能源的方式都是一种短期行为，很多能源都没有得到彻底的开发利用。近年来，随着工业水平的进步，各地能源已经显现出短缺的危机了。如果我们不改变这种使用能源的现状的话，那么总有一天，地球能源将被耗尽。更为严重的是，这种使用能源的方式还严重地破坏了我们的生存环境。

举例来说，道路是我们生活城市的重要组成部分，它就是运送人和货物的动脉。但同时，道路上那川流不息的交通工具也是导致气候恶化、环境污染的最重要的因素。据调查，城市里每年都有很多人因长期吸入汽车尾气而丧生。

如果我们不改变汽车所使用的能源的话，恐怕用不了多久，我们就将不得不停止使用汽车了。但只要人类存在，交通就不可能停止，所以我们必须寻找汽油以外的新能源。

向太空要能源

随着太空科学的突飞猛进，有人发出了这样的疑问：能否利用太空能源使运输变得更清洁、更安静乃至更便宜呢？科学家正在尝试用火箭的燃料电池来充当未来汽车的动力。

燃料电池是一种不用经过燃烧，将燃料的化学能直接转换成电能的装置。它的工作原理和电解很相似，这类知识我们其实在中学里就已经学过了。先在一杯水里放入阴极和阳极，然后通电，水中就会产生氢气和氧气。但如果你把试验反过来做，你就会得到水和电。这就是燃料电池的工作原理：用氢气和氧气得到电和水。

氢气中没有碳，因此能达到零排放。如果你让碳燃烧的话，就会产生二氧化碳。二氧化碳加进可口可乐中是不错的，能给你带来美妙的感受。但如果释放到大气中，它就成了破坏环境的凶手，因为它是一种温室气体，是造成全球变暖的罪魁祸首之一。

以氢为能源的燃料电池的使用除了可避免污染之外，还有其他很多可圈可点的优点。首先原料的来源广，氧气就不必说了，氢是地球上仅次于氧的最丰富的元素，主要以化合物的形式存在于水中，可以通过风能、太阳能、原子能等其他各种能源形式电解水获得，也可以从石油、煤、天然气以及其他非石油基燃料中获取；其次单位重量的氢释放的热能比任何碳氢燃料都高，约为化石燃料的 3 倍；最后，氢能源的使用效率高，比常规的石化燃料的热效率高 10% ~ 15%，且无污染。

从理论走向实战

事实上，这种先进的发电技术原理早在 19 世纪就发明了。1839 年，英国科学家威廉·格罗夫设计了世界上第一座燃料电池装置，称为“无损耗电池”。可惜距离实际应用太远，这位天才发明家的“超时代梦想”只能被束之高阁了。

20 世纪，弗朗西斯·培根将梦想变成了现实，燃料电池重见天日。美国航空航天局应用了他的研究成果，又研制出了太空燃料电池。1969 年，燃料电池首次登台亮相就非同凡响。它随同阿波罗登月飞船一起去太空旅行了一遭，成为世人注目的一颗耀眼的“明星”。你知道吗？在这趟长达 8 天的登月旅行中，3 位宇航员的生活用水都是由燃料电池提供的合成水。

燃料电池的无污染未来

如今，科学家们正在尝试将这种太空旅行归来的电池用作货车动力。或许，用不了两三年的时间，我们就能看到第一批燃料电池汽车在城市里穿梭了，那时人们再也不用担心汽车尾气的问题了。

据预测，如果伦敦、纽约或巴黎的出租车都换上燃料电池的话，这些城市的污染就会减少 25%。而且，这种能源的成本仅相当于汽油或柴油这类燃料的1/3。另外，科学家们还在研究怎样改进现有的公交车。这并不是什么难事。他们觉得，只要用翻新的钱就足以使它们成为清洁、高效的公交汽车了。作为一种现代能源，燃料电池技术将在不久的将来被广泛应用于各个领域。

另外，燃料电池不但会是很好的汽车动力，而且还会被用于工业发电和轮船运输。斋特克公司是这个领域的先锋，最近，他们已经改造了一辆伦敦出租车，将它的柴油发动机换成了燃料电池。他们还准备将燃料电池应用于各种领域。

77. 石油，你从哪里来？

认识宝物

不知道你注意没有，在我们的日常生活中，有一个身影始终不离左右，它就是石油。

我们平时的日常生活中到处都可以见到石油或其附属品的身影，比如汽油、柴油、煤油、润滑油、沥青、塑料、纤维等。这些都是从石油中提炼出来的。而我们日常所用的天然气（液化气）是从专门的气田中产出的，通过输气管道和气站再输送到各家各户的。

石油又称原油，是从地下深处开采的棕黑色可燃黏稠液体。国外称石油为“魔鬼的汗珠”、“发光的水”等，中国称之为“石脂水”、“猛火油”、“石漆”等，从这些名字当中我们不难看出作为一种能源，石油对于人类生活的重要性。

那么，具有这么巨大利用价值的石油其成分是怎样的呢？它是古代海洋或湖泊中的生物经过漫长的演化形成的混合物，主要是各种烷烃、环烷烃、芳香烃的混合物 。

在知道了石油的宝贵利用价值和组成成分之后，石油的来源问题自然成为大家共同的关注点。

新旧论点的碰撞

按照人类以往的研究，人们通常认为石油来自于糜烂的有机物，是由微生物将动植物残骸分解成的有机物沉积形成的。按现在教科书上的观点，大多数石油是由埋藏在地下沉积层中的有机物经过几百万年在 75℃ ~ 200℃的温度下形成的。微生物把某些埋在地下浅层的动植物残骸分解成有机物，随着地层深度的增加，温度和压力升高，沉积的有机物可以发生化学反应，这样有机物逐渐裂解产生碳氢化合物。

但最近一个有关石油来源的新理论却颠覆了这种传统看法，引发了广泛的争议。依照这个新理论，所有的石油都是从古老的岩石中生成的，而并非通常认为的埋藏在地下的死亡动物或者植物等有机体在压力和热的作用下分解转化而成。

新论点引发争议

根据这一理论，是从岩层断裂处释放出的地热使埋藏于地底 100 公里深处的炭化无机物和水在高温高压作用下产生了碳氢化合物，所有的石油都是通过这种方式形成的，而且现在还有大量的矿点未被发掘。

目前普遍认同的理论是，埋藏在地下的远古时代未被细菌分解的有机物在一定温度、压力条件下，经过几百万年的演变，形成了可供开采的石油。微生物将地表以下的有机物转化为碳氢化合物，剩下的埋藏在深层地底的有机物则在温度和压力下经过分解及复杂的化学反应生成石油。通常，具有商业价值的油田都位于地表以下 500 ~ 700 米深处，最深的油井在约 6 公里深的地底，而 10 公里以下的更深处则根本不会有石油或天然气。

新理论则认为，浅层地表形成的低压条件更容易产生甲烷，而不是较重的碳氢化合物。提出新理论的科学家在实验室中将氧化铁、卵石和水加热至 900℃高温时得到重碳氢化合物。据此他认为，稳定的石油只有在 30000 个大气压条件下，也就是 100 公里以下的地底才能形成。化学家们并不否认这些实验结果，石油地质学家承认有些石油是以这种方式形成的。但对于“石油不可能由浅层岩石中的有机物形成”这一论断，地理学家则坚决反对。

揭开身世之谜仍需时日

总之，目前就石油的成因有两种说法：①无机论。即石油是在基性岩浆中形成的。②有机论。即各种有机物如动物、植物，特别是低等的动植物，像藻类、细菌、蚌壳、鱼类等死后埋藏在不断下沉缺氧的海湾、潟湖、三角洲、湖泊等地，经过许多物理化学作用，最后逐渐形成为石油。

科学家关于石油形成的新理论也许还需要进一步探索。不过即使这个有关深层石油的形成理论只有部分正确，也可能为石油勘查工作打开一扇新的探索之门。我们期待着科学家尽快给我们解答这个难题，让我们看清石油的来龙去脉，指导我们更好地利用石油资源。

78. 花一份钱办两样事的新型空调器

工作原理

空调是空气调节器的简称，是一种人为的气候调节装置。它可以对房间进行降温、减湿、加热、加湿、通风、净化等调节过程，利用它可以调节室内的温度、湿度、气流速度、洁净度等参数指标，从而使人们获得新鲜而舒适的空气环境。有了它，人们不再担心气温的过高或过低会给身体带来不适。无论是炎热的夏季，还是寒冷的冬季，它都能保证人们在一个舒适的环境里工作和生活。这无疑是一项提升现代人生活舒适度的发明。那么，有着控温神通的空调器是怎样开展工作的呢？

空调器是由压缩机、冷凝器、蒸发器、毛细管、节流阀等部件构成的，它们通过管、道连接形成一个封闭的系统，系统中充注着制冷剂 R22（氟利昂 22）。

使用空调制冷的时候，压缩机将气态的氟利昂压缩为高温高压的气态氟利昂，然后送到冷凝器（室外机）散热后成为常温高压的液态氟利昂，这时，室外机吹出热风。然后到毛细管，进入蒸发器（室内机），由于氟利昂从毛细管到达蒸发器后空间突然增大，压力减小，液态的氟利昂就会汽化，变成气态低温的氟利昂，从而吸收大量的热量，蒸发器就会变冷，室内机的风扇将室内的空气从蒸发器中吹过，所以室内机吹出来的就是冷风；空气中的水蒸气遇到冷的蒸发器后就会凝结成水滴，顺着水管流出去，这就是空调会出水的原因。制热的时候有一个叫四通阀的部件，使氟利昂在冷凝器与蒸发器的流动方向与制冷时相反，所以制热的时候室外吹的是冷风，室内机吹的是热风。

新型空调面世

科技进步，产品自然升级。最近几年，一种新型空调器——空气锅炉经过科学家们的研究终于成功问世了。

根据专家介绍，这是一个通过一系列高技术手段和方法，实现从空气、地热、太阳能、工业废热水、工业废热气中能量的利用，可以提供冷源、热源及热水的新一代热泵式空调产品。它集新型锅炉和新型空调器于一体，有着优越的节能效果和显著的经济效益。

那么，这么优秀的新产品有着怎样的实际应用性呢？举例来说，城市里，宾馆不能不安装空调，更不能没有供应热水的锅炉。空气锅炉将这两者的功能集为一体，花一份钱办两样事。放到农村来说，那里有日益扩大规模的大棚蔬菜种植。反季节菜生长时需要适宜的温度，要供暖；存储时需要低温，要制冷。空气锅炉恰好能满足这多种温度之需，在寒冬腊月，还能提供温度适宜的浇灌用水。

实用性具备了，可空气锅炉的安装成本又怎样呢？专家介绍说，那些已安装传统空调的家庭，只要再掏上新买一部空调25%的钱，安装上核心部件，就可将其改造成空气锅炉，既制冷制暖，又享受热水。

除了这些，空气锅炉还有一个最大技术创新点：除机械传动部分须用电，整个系统无须用油或天然气等自然资源，仅利用回收空气及废水、废气所产生的热量，就能实现制冷、供暖和供热水的功能。它意味着输出同样的能量，别人用1度电，而空气锅炉用0.5度电即可。尤其供热水不需要消耗其他能量，它是用热交换的原理从空气、废水、废气中免费获得的。普通空调器冬天制暖最高只能到20℃，室外温度到－10℃就不能工作。空气锅炉在－20℃的环境下照样可同时实现三种工况：制冷、供暖、供热水。目前这项技术的转让还正在酝酿之中。

抢手好货

据专家预测，这项技术对空调企业将是一个福音。一个已有现成的生产线和销售网络的厂家，不用新建厂房，不用再添置设备，只需花200万元人民币，就能获得空气锅炉有关专利和最核心部件的使用权。一个旨在做行业龙头老大的厂家，投入5000万元，独家买断全套技术和专利，就能垄断性生产空气锅炉，而且还有可能垄断国际市场。

据说，有家研究所刚刚采用这项新技术生产出样机，就接到了来自世界各地的大批订单。由此可见，空气锅炉是有着非常广阔的市场前景的。

79. 雨雪、垃圾——你想不到的发电材料

废物再利用的能源开发思路

大自然中蕴藏着巨大的能量，人类可以运用越来越强大的科技力量对其进行开发，以满足人类日益增加的能源需求。出于环保的目的，很多科学家近年来都把研发新能源的目标转向了废物利用。21 世纪初期以来，有科学家发现，有一定规模地从雨雪、垃圾等废物身上开发电能，是完全可以实现的。

积雪发电

大家都知道，积雪的温度是 0℃以下，因此雪中蕴藏着一种我们并不知道的能量——冷能。根据冷能这一发现，科学家提出了利用积雪发电的大胆设想。

它的工作原理是，将蒸发器放在地面上，将凝缩器放在高山上，再用两根管子将它们连接在一起，然后抽出管内空气，用地下热水使低沸点的氟利昂（即现代电冰箱所用的制冷物质）汽化，并以雪冷却凝缩器，由于氟利昂的沸点很低，加上管内被抽空，所以它就沸腾起来，变成气体快速向管子的上端跑去，冲击汽轮机旋转，从而带动发电机发电。试验证明，1吨雪可把 2 ~ 4 吨氟利昂送上蓄液器。可见雪的发电本领是十分惊人的。

雪的资源极其丰富，地球上 34%的国家属多雪地区。我国东北和新疆北部是全国下雪天数最多的地区，每年平均在 40 天以上，积雪日数在 90 天以上。积雪发电的问世，将使茫茫雪原变成人类的又一理想的发电能源。

下雨发电

目前，科学家们研究雨能的利用已获得成功。它是利用一种叶片交错排列并能自动关闭的轮子，轮子的叶片可以接收来自任何方向的雨滴，并能自动开关，使轮子一侧受力大，另一侧受力小，从而在雨滴冲击和惯性的作用下高速旋转，驱动电机发电。雨能电站可以弥补地面太阳能站的不

足，使人类巧妙而完美地应用太阳能、风能、雨能。

我国南方雨能资源丰富，特别是华东、华南、中南和西南各省的雨水充足，一年四季冰雪期很少，雨季的降雨量一般都比较多，阴雨天利用雨能发电，晴天利用太阳能发电，这样无论晴天或阴雨天，人们都可以享受到大自然的恩赐，享受到电能带来的光和热。

微生物电池

微生物电池是用微生物的代谢产物做电极活性物质从而获取电能。目前，作为微生物电池的活性物质，只限于甲酸氢、氨等。试验表明，用产气单抱菌细菌处理 100 克椰子汁，使其生成甲酸，然后把以此做电解液的 3 个电池串联在一起，生成的电能可使半导体收音机连续播放 50 多个小时。当然，这还处于实验阶段。但它表现出的事实是令人神往的。

利用微生物还可以处理有机废水，在使废水无害化的同时，它还可以把微生物的代谢产物做微生物电池的活性物质，从而获得电能。

尽管微生物电池的研制尚处在萌芽状态，使用也还只限于一定范围，但是我们相信到 21 世纪的某一天，微生物电池是能够带动着马达飞转，为人类创造更多的物质财富的。

向污泥要能源

城市下水道污泥中富含有机物质，其中蕴藏着可观的能量。不少国家已开始利用厌氧细菌将下水道污泥“消化”，然后收集其中产生的沼气作为热源，并将下水道污泥制成固体燃料。

日本东京都能源局利用下水道污泥作为燃料发电的试验也已获成功。日本能源科学家还将下水道污泥利用多级蒸发法制成固状物，所得燃料的发热量为 16000 ~ 18000 千焦耳 / 公斤，与煤差不多。

从下水道污泥中挖掘潜在能源，不仅开辟了能源新途径，还可以从根本上解决城市下水道污泥污染问题。这对改善城市地下水水质有着至关重要的作用。

垃圾发电

从20世纪70年代起，一些发达国家便着手运用焚烧垃圾产生的热量进行发电。欧美一些国家建起了垃圾发电站，美国某垃圾发电站的发电能力高达100兆瓦，每天处理垃圾60万吨。现在，德国的垃圾发电厂每年要花费巨资从国外进口垃圾。

科学家测算，垃圾中的二次能源如有机可燃物等所含的热值高。如果我国能将垃圾充分有效地用于发电，每年将节省煤炭5000万~6000万吨，其“资源效益”极为可观。

专家认为，随着垃圾回收、处理、运输、综合利用等各环节技术不断发展，垃圾发电方式很有可能会成为最经济的发电技术之一。从长远效益和综合指标看，其将优于传统的电力生产。

80. 向大气要电力

开发大气压

在能源供应一天比一天紧张的今天，迫使科学家们去探索那些既干净、安全，又取之不尽，用之不竭的新能源。

大气是我们生存所必需的条件之一，利用大气压差发电，是科学家做出的一种开发新能源的大胆构想。

科学家们当前正在努力探索用大气压差发电，虽然还仅仅在实验阶段，但已经取得了一定的成果。毫无疑问，大气是取之不竭的资源，一旦这个构想进入实用阶段，它将给人类社会带来无穷无尽的希望和幸福。

认识大气压

要理解什么是大气压差发电，必须从什么是大气压说起。

地球表面包裹着一层几十千米厚的大气，据计算，它的总重量相当惊人，大约有 5130 亿吨 ×104 亿吨！地面上每平方米大约要承受 10 吨重的大气柱的压力！气象科学上的大气压，就是单位面积上所受大气柱的重量（大气压强），也就是大气柱在单位面积上所施加的压力。

气压的单位有毫米和毫巴两种。以水银柱高度来表示气压高低的单位，用毫米（mm）。例如气压为 760 毫米，就是表示当时的大气压强与 760 毫米高度水银柱所产生的压强相等。另一种是天气预报广播中经常听见的毫巴（mb）。它是用单位面积上所受大气柱压力大小来表示气压高低的单位。1 毫巴 = 牛顿 / 平方厘米 =100 帕。

气压是随大气高度而变化的。海拔越高，大气压力就越小。两地的海拔高差越悬殊，其气压差也越大。

大气柱的重量还受到密度变化的影响，空气的密度越大，也就是单位体积内空气的质量越多，其所产生的大气压力也越大。

由于大气的质量是越近地面越密集，越向高空越稀薄，所以气压随高度的变化值也是越靠近地面越大。例如，在低层，每上升 100 米，气压便降低约 10 毫巴；在 5 ~ 6 千米的高空，每上升 100 米，气压降低约 700 帕；而到 9 ~ 10 千米的高空，每上升 100 米，气压便只降低约 500 帕了。

气压无时无刻不在变化。在通常情况下，每天早晨气压上升，到下午气压下降；每年冬季气压最高，夏季气压最低。但有时候，如在一次寒潮影响时，气压会很快升高，冷空气一过，气压又慢慢降低。所以，气压的变化是经常性的。

大气压差产能源

用大气压差发电，是指利用地球表面大气压在垂直方向上分布的差异所造成的空气流动动力，来带动发电机发电的发电方式。

由于大气压是由地面向高空逐步递减的，并且受到地球重力的作用，所以一般情况下不会引起空气的剧烈流动。正如坡降很小的河流，虽然也有一定水位差，但很不明显，水流所产生的冲击力很小，不能发电。但是，如果我们能利用一些特殊的装置人为地增加水位差（修水坝提高水位差），那么流水产生的冲击力就会急剧增大。正如人们为了用水发电，拦河筑坝提高水位一样，如果我们也采用一定的装置增加气压之间的压差，那么它产生的能量同样也是十分巨大的。

科学家们设想，如果能利用一定的装置，如风轮机，将这种空气流动所产生的动力转化为旋转力，带动发电机发电，就可以得到一种既卫生、安全，又取之不尽的新能源。因为这种动力不用任何燃料，不排放任何污染物，可以昼夜不停地连续工作，是人类理想的动力之一。

当前，大气压差发电这一构想变成为实用的一种新能源，还有许多理论需要研究，有许多问题需要解决，需要有一个实践的过程，然后才是大范围的推广使用。要使大气压差发电达到实用价值，必须使气流能够产生足够大的动力，使发电机发出较大的功率，如果只是能够发电，但功率太小，就没有什么实际意义了，更谈不上推广使用。

据科学研究证明，用大气压差带动风轮机发电是可行的，只要不断地研究，不断地探索，是可以实现的。预计，利用大气压差发电的科学技术，将于21世纪前10～20年间就会完善起来，为人类开辟一条新的能源道路。

81. 用电力支撑月球产业

月球工业有前途

通过简单的观测，月球在常人的眼里只是一颗寂静荒凉的星球，没有生命、没有空气、昼夜温差极大、辐射强烈、表面凹凸不平且布满了大大小小的撞击坑，但就是这样一个看上去荒芜苍凉的世界却吸引了人类争先恐后地去靠近它、了解它。那么月球的价值到底在什么地方呢？科学家的眼光自然异于常人，他们仅仅是从月球的大环境上就看到了它的宝贵利用价值。

我们都知道，月球环境与地球环境是大不相同的。月球具有高真空和低重力的特殊条件，月球没有大气，没有磁场，没有电磁波的吸收与辐射，重力加速度只是地球的 1/6，月球的这些特征使得许多在地球上无法进行或难以进行的研究与实验可以在月球上进行。例如，可以在月球弱重力场环境下对植物的生长速度进行研究；在弱重力环境下进行晶体生长研究；可以在这种特殊环境下进行生命科学与材料科学等的研究。

特别要指出的是，一些在地球上无法批量生产的特殊产品如生物医药制品、特种材料等可以在月球上生产。因为在高真空和低重力的条件下，不仅具有特殊强度、塑性及其他性能优良的合金和钢材可以生产出来，甚至是超高纯金属、无瑕疵单晶硅、光衰减率低的光导纤维，以及纯度特高的生物医疗制品等在地球常态环境下难以生产的材料都可以生产出来。故而，科学家认为，如果在月球上建立月球工业，将大有所为。

丰富廉价的太阳能

但是，同地球工业一样，要在月球上建立采矿、冶金、机械加工工业和交通运输业，首先要有强大的电力支持。从哪里开发月球电力呢？

在月球上，由于没有空气，太阳可以直射月球而不会受到阻拦而衰减，因此，太阳能的强度大、效率高，是月球上最廉价的能源。同时，月球的旋转轴基本上垂直于黄道面，若在月球两极附近建造太阳能发电站，利用太阳光造成的温差，可提供十分丰富而廉价的电力。如果用不完这些电，还可以把电能通过微波发送给地球，可以在月球上建造大功率的激光或微波发射装置，以激光束或微波束的形式将能量传送到地球，同时，在地球上设置多个接收站，把激光束或微波束还原为电能，通过电网送给用户。

丰富的核电站能源

除了太阳能，月球土壤中还含有丰富的氦3，利用氘和氦3进行的氦聚变可作为核电站的能源，这种聚变不产生中子，安全无污染，是容易控制的核聚变，不仅可用于地面核电站，而且特别适合宇宙航行。据悉，月球土壤中氦3的含量估计为715000吨。从月球土壤中每提取1吨氦3，可得到6300吨氢、70吨氮和1600吨碳。从目前的分析看，由于月球的氦3蕴藏量大，对于未来能源比较紧缺的地球来说，无疑是雪中送炭。许多航天大国已将获取氦3作为开发月球的重要目标之一。

就地取电能够点亮月球产业。利用丰富、高强度的太阳能，利用丰富的氦3，让就地取电在月球变得不再难以完成。有了电力，月球工业的梦想就不再是梦想。

82. 做成“球”的天然气——天然气可以这样运

令人头疼的问题

天然气与煤炭和石油并称世界三大能源。与煤炭、石油等能源相比，天然气在燃烧过程中产生的影响人类呼吸系统健康的物质极少，产生的二氧化碳仅为煤的40%左右，产生的二氧化硫也很少。而且，天然气燃烧后无废渣、废水产生，具有使用安全、热值高、洁净等优势。

但是，相比于煤炭和石油，天然气的运输成本要高出许多，难度也要高出许多。运输天然气的费用十分高昂而且危险性强，这已经成为各国都为之头疼的问题之一。

目前世界上大规模天然气输送基本上采用两种方式，即管道天然气运输和液态天然气运输。大陆地区一般采用管道运输，海上运输则利用专用船舶运输液态天然气。但无论哪种方法，都无法解决降低运输成本和确保安全的难题。

运输液化天然气的通常做法是，首先要把天然气降至 -162℃，并使其保持在此温度左右才能保证天然气的液化状态。这样，不仅需要消耗大量的能源和建造大规模的设备，而且若在运输途中经过热带地区，一部分液化天然气还会汽化、蒸发。令人头疼的天然气运输问题到底该从什么地方寻找解决的突破口呢？

从改变状态入手

目前日本三菱造船公司正在尝试一种将天然气转化成固体状态的运输方法，以解决上述难题。

这种固化天然气的运输方法，是将天然气经过“水合作用”转化成固体进行运输。该过程是将天然气与水搅拌，使天然气的主要成分甲烷被水覆盖包围形成“水合体”状态，类似“果冻”一样的形态。然后经过处理，抽出其中的水分使之形成粉末，再制成球状物体进行运输。

把天然气转化成粉末的过程要在 2℃和数十个大气压条件下进行。与低温条件下将天然气液化不同的是，天然气固化的关键是控制好转化过程的压力。很早以前，人们便已经知道天然气具有“水合作用”，但是一直没有在工业上加以利用。三菱造船公司已经开始着手开发固化天然气技术，并且在世界上首次制造出了固化天然气的设备。

目前，该公司在实验室中已尝试了几种固化天然气的方法，其中之一就是利用螺旋桨叶片在压力容器中把天然气与水混合搅拌；另一种方法是在充满水的容器底部设置管道加入天然气，形成“水合体”。但是，实验室中的这些方法都不能在一昼夜生产出可供工业利用的“水合体”。为此，三菱造船公司采用了搅拌方式和沸腾方式组合的制备方法。为增加水和天然气的接触面，在搅拌用的螺旋桨叶片上也安装了管道，在螺旋桨转动的同时叶片上的管道也能输进天然气。这样，达到了比单一搅拌方式高出 10 倍以上的“水合体”制备量，效率明显提高。

球状运输更胜一筹

科学家的进一步实验表明，尽管天然气球状固体运输和天然气粉末状运输都是先进的天然气远程运输方式。但是，天然气球状固体运输比天然气粉末状运输更具优点。天然气在粉末状态下运输会加大物体的体积，经济效益不尽理想；而天然气球状固体运输能增加1.4倍的运输量，并且比粉末状容易搬运，可以实现理想的经济效益。

83. 杨树供能源环保又天然

可再生能源受关注

在全球资源越来越紧俏的大环境下，可持续发展这一概念越来越为全球人所认可。针对能源问题，可再生能源成为大众关注的焦点。已经为人们所成功利用、为大众所熟知的可再生能源主要是风能和太阳能，随着能源问题越来越突出，在人们呼吁大力推广使用风能和太阳能等清洁的可再生能源的同时，科学家也把搜寻可再生能源的目光放得更广更远了。

北美杨树成为目标

很快科学家们就把搜寻的目光锁定在了北美杨树的身上。这种杨树是一种能够快速生长的树种。

通过长期观察人们发现，这种杨树在生长过程中能吸收大气中的二氧化碳作为自己的“食物”并储存起来用于以后生产能量。如果将树木砍伐并燃烧后，二氧化碳又将被释放出来。英国南安普敦大学植物环境实验室的研究人员认为，由于树木的枝叶从大气中吸收二氧化碳，同时留在土壤中的树木的根系对二氧化碳也有一定的吸收作用，并可在地下保留更长的时间，因此借助自然的力量保护环境是完全有可能的。

同时，英国南安普敦大学的科学家还通过研究发现，在燃烧树木的过程中，人们同样可以获得与燃烧煤或石油一样的能量，而且与煤和石油相比，树木还有具有不断生长的优势，从而成为可再生能源。

另外，用树木代替传统燃料还将大大减少二氧化碳的排放量，减缓温室效应产生。

为什么是它

我们知道，世界各地分布着上千种不同种类的树木，可究竟是什么特殊原因让研究人员单单挑中了北美杨树呢？

科学家解释说，之所以选择北美杨树作为研究对象，是因为北美杨树与其他树种相比其生长速度要快得多，成材率很高。为了找到北美杨树能快速生长的原因，研究人员利用先进的基因技术收集了 13000 多个北美杨树的基因样本，希望通过对它们的研究筛选出生长速度更快、抵御疾病能力更强的北美杨树树种，以便能培育出理想的树种作为新型燃料。如果这个研究计划获得成功，它将成为人类利用生物技术发展环保能源的又一成功的典型范例。

多个举措应对能源危机

北美杨树作为可再生能源的发现，使我们对能源的未来少了一些悲观，多了几分希望。但是，能源危机的形势严峻不是几棵杨树就能一下子解决的。要想彻底应对危机，维持人类的后续生产和生活，国际社会就必须拿出十二万分的热心和诚意来对待可再生资源的开发和利用问题。

具体来说，各国应该就发展可再生能源制定出切实的行动目标和时间表，加大对可再生能源技术的投资，并将重点放在提高发展中国家在这方面的技术能力上。

还要在保证现有非可再生资源的高利用效率的同时，加紧对非可再生资源的发现和研发利用，努力实现资源利用的多样化，分散对某几种甚至是某一种资源的过度依赖。

相信在国际社会的共同努力之下，在科技力量的大力支持下，我们的资源利用结构和利用效率会逐步提高。并且，在资源利用的同时所产生的污染也会越来越少甚至是归零。

美好生活需要各方面的共同努力，让我们共同期待吧。

84. 环保美观新能源——太阳能光电瓦

又厚又蠢的太阳能电池板

作为取之不尽，用之不竭的可再生能源，太阳能一直是科学家一致看好的、非常具有开发潜力的能源。能够在日常生活中使用洁净、廉价的太阳能也一直是普通人的美好愿望。

太阳能电池板是科学家们早期开发研制出来的将太阳能应用到生活中的一项设备。只要在屋顶上装上这种特制的太阳能电池板，屋内的一切用能设施都可以将太阳能作为启动能量。

但这并没有为大众所认可和大范围推广，理由很简单：这种太阳能电池板设计得很厚、很笨重，在屋顶上装一些又厚又蠢的太阳能电池板让人们感觉自己的屋子看起来也愚蠢至极。

好在这并没有打消科学家们的研发热忱。随着各项技术的日趋成熟，科学家们很快就有了新的发明。

太阳能光电屋面瓦

欧洲科学家们合力开发出了太阳能光电屋面瓦及相关系统。据称，这种用光电屋面瓦发电的系统将在欧洲安装 300 套，每年由此产生的电力将达到30亿千瓦。

在法国，科技专家首次将太阳能电池与房屋的屋面瓦结合在一起。这种太阳能光电瓦既能产生清洁的能源，又保持了房犀的美观。这一方法的创新之处在于该系统的“屋面系列”：用光电池做成的屋面瓦，由光电模块组成，光电模块的形状、尺寸、铺装时的压接方式都与宽平板式的大片屋面瓦一样（每平方米10片）。

光电屋面瓦每套为20块电池板，可以铺设10平方米的屋面。每套组件每年平均可以产生1000度的电力。当屋面的朝向和日照时间符合规定的条件时，两到三套光电屋面瓦便可以满足一个家庭的平均用电量。每片光电瓦包括一个保证机械强度和密封性能的支架，一个光电池元件和一片起保护作用的钢化玻璃。此外，整个系统还包括一些用于网络连接的元件和附件（逆变器和连接元器件）。

没有了早期的太阳能电池板的笨重，这种新太阳能系统的安装变得简单易行。该系统不用在屋顶上安装支架，也不用在屋顶上凿洞安装太阳能电池板。新的系统甚至不要求设置其他的密封装置，只需要像瓦一样叠置式安放它，就能起到密封的作用。而且，瓦片上有一个内置式的透气缝，它可以保证光电池的通风散热。

环保易用的可再生能源

根据专家计算，这种屋面瓦能够保证在25年时间里的发电效率为95%左右。

设想一下，在不久的将来，当这种构造相对简单、安装方便、调节自如的太阳能利用装备推广到我们的生活当中的时候，我们的生活将产生多么美好的变化啊！

生活中将不再有煤烟的粉尘和大气污染，也将省却天然气使用上的潜在安全隐患。只要太阳一天在天上高挂，我们的生活就不会因为能源短缺而受到影响。生活成本也随之降低，想想看，太阳怎么可能会下来挨家挨户征收电费呢？

85. 太阳给了我能量

能量无限的太阳

地球环境在人类无节制的生产生活活动下变得越来越恶劣了。据统计，全世界每年大约要消耗80兆千瓦的能源，其中的80%会造成环境污染。所以要想改善我们生存家园的环境，只有大范围使用清洁无污染并且能够更新的能源，才能确保人类的可持续发展。

太阳真是个能源“大财主”，这是小孩子都知道的道理。所以，当燃料电池被科学家研发过后，太阳就作为一个能源新秀引起了科学家极为浓厚的兴趣。太阳不仅是清洁的、可更新的，而且还是免费的。甚至有科学家已经在感叹：我们怎么没有更早一些发现它呢？

据科学计算，太阳给予地球的能量仅为自身的二十二亿分之一，连九牛一毛都算不上，可是对于贫乏的地球来说，这也是了不得的一笔财富了。科学家们介绍说，太阳一年内“恩赐”给地球的能量，相当于地球石油蕴藏能量的100倍以上。而全世界一年的总耗能量，对于太阳来说只是30分钟的“举手之劳”。而且，这个“大财主”至少还能存活100多亿年。对人类来说，我们完全可以放心大胆地对太阳实行“拿来主义”。

光电池

那么我们该怎样向这个财主进行拿来呢？科学家们发明出了光电池。它的原理与树木进行光合作用的原理差不多。在半导体的作用下，通过光电池，太阳的光子就转化成电子，光能就转化为电能。

目前，世界上一些大公司正在为生产光电池的大型自动化工厂提供资金。其中有一家叫BP公司的，业务已经扩展到全球。在悉尼奥运村，它已经大显神通。奥运村区域665户居民的日常生活中主要由太阳能供给用电和热水，可少排放700吨温室气体。另外，菲律宾也有3000个社区在用他们的太阳能技术。此外，印度、西班牙、美国等，这些地方也都有他们的业务。显然，光电池已不再是什么只能用于卫星和计算机的稀奇玩意儿了。

科学家们觉得，如果第三世界能接受太阳能这种新能源的话，那他们不会像西方国家那样，成为地球的破坏者了。而且，在印度的偏远村庄或美国的偏僻地区，使用光电池的确是一种行之有效的方法，因为在那些地方建高压输电网显然是不现实的。

零散热房屋

科学家们正在实行的一项建造第一批大规模零散热房屋开发计划也是利用太阳能的很好范例。

乍一看上去，这些房屋是典型的适合家庭居住的房屋。但它们是有着独特设计的：房屋面朝南，可最大限度地吸收太阳的光和热；房屋的材料都是当地现有的材料，其中经久耐用的木材、混凝土等建筑材料还能储备热量，使它们的供暖需求仅为普通房屋的10%；房子的各部分都是用耐热合金隔开的，这样一来，整个冬天，起居室就能保持一个舒适的温度了；房屋的结构也非常灵活，人们可以根据未来的发展添加像光电池或太阳能热水器之类的用品。

太阳能电力汽车

除了这种房屋外，还将计划建成100所高效节能房屋及休闲设施。住在这里的住户将共享电力汽车。太阳能板会一次储存足够的电力为这里的40辆电力汽车提供动力。

意识的改变是根本

过去，人们虽然不乏环境意识，但总会认为难以实施或者费用昂贵。实践证明，建造节能房屋是可行的，而且不会太昂贵并且能够经得起时间的考验，因为随着温室效应的影响越来越大，这种生活方式和技术会变得越来越有吸引力。

事实上，如果人们注意到了可持续发展的问题，那么就会发现，这的确是一个造福全人类的庞大工程，它几乎会改变我们生活的每个方面，让我们的生活朝着更好的方向发展。但这种转变又是艰难的，需要一定的时间，更需要各方面的共同努力。其间，政府需要做一些事情，工业界和商界需要做一些事情。但最终需要我们每个人改变观念，只有这样，才能加速这种转变的进程。

86. 用激光点燃人造太阳

挖掘太阳能

传统能源如石油、煤炭、天然气等是非可再生能源，不可能任我们无限期开采下去。所以，面对能源日益枯竭的现实，科学家必须找到新的能源之路。表面上看，太阳为我们的地球提供了光能和热能，而更深入地说，太阳内部大量氢同位素发生的核聚变反应更是被大批科学家们看好的新能源开发点。

在恒星内部的巨大压力协助下，核聚变能在约1000万℃的“低”温下完成。然而，在压力小得多的地球上，实现核聚变所需温度将会高达1亿℃。所以可控核聚变反应曾被不少科学家认为是难以实现的。但在能源危机越来越明显的情况下，人类并不甘心就此罢休。

科学家希望利用192个激光器和一个由400英尺长的放大器及滤光器阵列构成的装置，制造出一个像太阳或者爆炸的核弹一样的自维持聚变反应堆（self-sustaining fusion reaction）。最后一批激光器已经安装完毕。科学家希望该激光器能模仿太阳中心的热和压力。“国家点火装置”由192个激光束组成，产生的激光能量将是世界第二大激光器、罗切斯特大学的激光器的60倍。2010年，192束激光将被会聚于一个氢燃料小球上，创造核聚变反应，打造出微型“人造太阳”，产生亿度高温。

扣人心弦的试验

国家点火设施科研组制造的这个最新系统有望产生 180 万焦耳紫外线能量，科学家认为这些能量已经足以在劳伦斯·利弗莫尔国家实验室里产生一个小太阳。

3000 多块混合着钕的磷酸盐放大玻璃隐藏在密封的激光间周围的围墙里，它们能够增加激光束的能量。

技术人员在激光间里安装光束管，激光通过这些管会进入调试间。激光在调试间里会被重新改变运行路线，并重新排列，然后被输送到靶室里。

光导纤维（黄色电缆部分）把低能激光传输到能量放大器里。然后在通过混有钕的合成磷酸盐的过程中，利用强大的频闪放电管放大。

能量放大器隐藏在天花板上的金属覆盖物下面，它含有可增大激光能量的玻璃板。在激光刚刚进入放大玻璃前，灯管把能量吸入玻璃里，接着激光束会获得这些能量。

可变形的镜子隐藏在天花板上覆盖的银膜下面，这种镜子是被用来塑造光束的波阵面，并弥补它在进入调试间前出现的任何缺陷。每个镜子利用 39 个调节器改变镜子表面的形状，纠正出现错误的光束。你在照片中看到的电线是用来控制镜子的调节器的。

激光束在进入主放大器和能量放大器前，较低前置放大器会放大激光束，并给它们塑形，让它们变得更加流畅。

科学家利用一个独立的便携式洁净室（Clean Room）运输和安置能量放大器和其他元件，这个洁净室就像用来装配微芯片的小室。

激光是从一个相对较小、能量较低，并且比较呆板的盒子里发射出来的。这个激光器呈固体状态，跟传统激光指示器没有多大区别，不过它们发射的光波波长不一样，前者是红外线，后者是可见光。

高能灯管可以用来激发激光。每束光束刚产生时，强度仅跟你的激光指示器发出的激光强度一样，但是它们在二十亿分之一秒内，强度就能增大到 500 太拉瓦，大约是美国能量输出峰值时功率的 500 倍。

尚需时日

能否在核聚变过程中实现“能量收益”是试验的关键。如果实现了核聚变，但未能使核聚变释放的能量超过触发所需能量，也没有实用价值。

一旦取得成功，就意味着激光核聚变从物理学理论进入了“工程现实”。但是，从试验成功到商用还有漫长的时间。据科学家介绍，这套装置每发射一次激光束需间隔数小时，这仅能证明核聚变操作的科学可行性，却不能满足建造激光核聚变电厂的需求。

七、信息科学

87. 电脑修补人脑记忆功能

针对海马找回新记忆功能

现实中，有很多人在为自己的丢三落四而发愁，有很多学生在为如何提高自己学习中的记忆能力而苦恼，有很多老年人在感慨残酷的时间掠走他们的记忆能力，更有很多因为脑损伤而失去部分记忆功能的人在为如何找回形成新记忆的功能而四处求医。那么，到底怎样才能修补人脑的记忆功能呢？

科学家们给出了一种或许可行的答案。原来，在我们的大脑中，海马是内部结构最有规则的部位，它的功能是对生活经历进行“编码”，使之能够作为长期记忆存储于大脑的其他部位。因此，人的海马受损，就会失去形成新记忆的能力。

于是，针对海马部位，美国的几个研究者经过近 10 年的时间，研制出了世界第一个用于修补动物大脑内海马部位功能的硅芯片。这一研究成果为那些因脑部病变或受伤而失去新记忆功能的病人带来了新希望。如果这种芯片能像预期的那样有效，它应该能使病人恢复产生新记忆的功能。

海马芯片的诞生

制造这一芯片让研究人员颇费心思，但一切都是按部就班地进行的。

研究人员首先是建立海马在各种不同条件下工作的数学模型；然后将这一模型编程到芯片中；最后使芯片能够与大脑其他部位协调工作，即解决芯片与脑组织的“接口”问题。

由于研究人员并不真正了解海马对信息进行编码的机制，因此只能简单地照搬它的行为。他们对实验鼠海马部位的切片进行不同的电信号刺激，多达数百万次，以确定什么样的电信号使海马产生什么样的反应。然后把不同切片的行为组合起来，建立整个海马工作模式的数学模型。

芯片的工作流程

根据设计，在用于病人时，这种芯片将附着在头盖骨上，而不是植入脑的内部。芯片通过两组电极与脑部进行通信，两组电极分别置放于海马损坏区域的两边，一组接收从脑的其余部位传送到海马的“输入”信号，另一组则根据芯片内部指令将相应的“输出”信号发送给大脑。这样，信号就绕过海马，由芯片来替代海马的功能。

如果顺利，研究人员计划在6个月内开展活体实验鼠试验。然后将在猴子身上试验。由于不同的哺乳动物脑部海马的结构很相似，因此在从鼠到人的过程中，芯片设计不需要做重大改进。不过，必须在前期实验中确认它是安全的，才能在因中风、阿尔茨海默氏症或癫痫而脑部受损的病人身上试验。

争议性将妨碍应用性

但这还是一个有争议的新技术，因为这种疗法即使安全方面不存在问题，伦理方面的质疑也将成为临床应用的障碍。

看来，要让受损的大脑功能在芯片的帮助下恢复正常记忆功能还有很长的路要走。当下，我们能做的除了等待，更重要的就是看护好我们的大脑，爱惜好我们的大脑了。

88. 走进智能化住宅

要让家也“有脑子”

家的概念是由人、空间和环境构成的，空间环境就是住宅和周边设施。

家在人们的心目中永远是温馨的、值得眷恋的。从古至今，人类就在不断地为把家这个遮风避雨的安身之所打造得更安全、更舒适、更宜人而努力着。

进入 21 世纪以来，凭借着突飞猛进的信息技术，人类对家的建设改造更是迈上了一个新的台阶。尤其是在比尔·盖茨的全智能住宅让世人开了眼界之后，“怎样用信息技术武装我们的住宅，让我们的住宅也‘有脑子’”，就成为许多人梦想中的问题。由科学家提出的智能化住宅的概念代表了人们对未来家园的美好憧憬，也为人们的梦想插上了翅膀。

智能化住宅从何而来

科学家的智能化住宅概念由何而来呢？要了解这其中的渊源，我们首先得说说什么是智能化建设。

智能化建设就是通过配置建筑物内的各个子系统，以综合布线为基础，以计算机网络为桥梁，全面实现对通信系统、建筑物内各种设备（空调、供热、给排水、变配电）的综合管理。智能化住宅包括住宅自动化、通信自动化、家庭自动化。智能化住宅强调人的主观能动性，要求重视人与居住环境的协调，能够随心所欲地控制室内居住环境。

智能化住宅何的构成

从技术角度来说，智能化住宅是将各种信息通过通信设备和住宅设备，通过家庭内网络连接起来，并保持这些设备与住宅的协调的。因此，具有相当于住宅神经的家庭内网络、能够通过这种网络提供各种服务、能与地区社会等外部世界相连接是构成智能化住宅的三个条件。

从设备匹配上来看，智能化住宅中的设备也要相应的智能化，如智能化的冰箱、智能化的视听设备、智能化的通信设备、智能化的监控设备以及其他智能化设备，通过家庭总线系统将这些设备统一管理，我们可以通过一个遥控器或者一台网络电脑就可以命令这些设备工作。

示范工程已经实施

这么先进的住宅离我们的距离并非遥不可及。在中国，国家建设部实施的全国住宅小区智能化技术示范工程，将示范工程划分为普及型、先进型、领先型三个层次，制定了相应的技术要求。

普及型：住宅小区设立计算机自动化管理中心，水、电、热等自动计量和收费，住宅小区实行封闭式安全自动监控，住宅的火灾、有害气体泄漏等实行自动报警。设置紧急呼叫系统，对住宅小区的关键设备、设施实行集中管理，对其运行状态实施远程监控。

先进型：除实现普及型的全部功能要求外，还应实行住宅小区与城市区域联网，住宅通过网络终端实现医疗、文娱、商业等公共服务和费用自动结算，住户通过家庭可阅读电子书籍和出版物等。

领先型：除实现先进型的全部功能要求外，要应用I－CIMS技术，实施住宅小区开发全生命周期的现代信息集成系统，达到提高质量、有效管理、改善环境的目的。

建设部计划用5年左右的时间，在全国建成一批住宅小区智能化技术示范工程，摸索出一套适应各地、各具特色的智能化住宅小区的设计、集成、施工等方面的经验，并向全国推广。

更让我们魂牵梦萦的家

近距离接触智能化住宅，会让我们对它有更直观的了解。未来智能化住宅在墙壁内安装有“家庭管理系统”的网络设备，住宅的主人无论在世界任何地点，通过互联网就能控制家中所有的电气设备，调试室内的安全系统、空调系统、照明系统、冷热水系统。例如：住户不用去厨房可凭遥控器做饭，甚至可以远程监视每个房间、给植物浇水等；住宅大门外的风向标是气象感知器，可将室外的温度、湿度、风力、风向等数据输入电脑，电脑根据这些气象数据控制着室内的窗户和空调。

在各种智能化的配套服务之下，智能化住宅将不仅仅是一个更加温馨、舒适的居所，还是一些人追求事业成功的地方。

相信许多人都有过这样的经历和感受：在出差或旅游归来的行程中，不论在飞机上、火车上或者船舶上，当听到乘务员告知再有几分钟就要到达目的地的时候，想想自己马上就要回家了，想想可以见到自己的亲人和朋友了，每个归家人的心中都会涌起不一般的情愫。可见家对于我们每个人来说，不仅起着其功能性的遮风避雨等作用，还起着非同寻常的情感慰藉作用。如果将来人们住上智能化住宅的话，相信这种感受会更加强烈。

89. 芯片再造“眼”还盲人一片光明

盲人需要光明

盲人是值得我们关注的一个特殊社会群体。在专业人员的帮助下，盲人可以把自己的坏眼用“义眼”来替代。但是这种用玻璃或塑料等物质，模拟人眼外形的“义眼”，只是可以起到代替萎缩或被摘除的眼球、改善仪容的作用，对盲人的视力是起不到任何代偿或者提升作用的。

视力得不到改善的盲人，其世界是一团漆黑的，看不到花鸟虫鱼或许可以忍受，但看不到光明给盲人的生活带来的极大不便却是一个需要解决的实实在在的问题。

多少年来，科学家和眼科医生都在竭尽全力，试图将“光明”还给盲人和视力减弱者，以解决他们的切肤之痛。“生物眼”的概念就在这种努力下诞生了，这给广大盲人带来了新的希望。

芯片再造“眼”

用什么来制造“生物眼”呢？美国的惠顿和伊利诺伊等公司在这方面已迈出了第一步，他们用极微小的芯片模拟眼球中视觉细胞的某些功能，即把视网膜上的光信号转变成电信号，再传给大脑。阿灵顿海军研究署的科学家们正在研制模拟视网膜的整个神经系统的芯片。

人造眼的核心就是这种著名的芯片。在芯片里，不同的部位“分管”

不同：有的“看”图像的边缘，有的“观察”角度，而有的“确定”轮廓。总之，我们的眼睛怎么“做”，它就如何“做”。

优势独特

在专家看来，相比于其他材料，芯片在再造人类眼球上面具有独特的优势。科学家们可以很理想地把芯片改造成可以供人造视网膜使用的芯片。比如，芯片每条电路之间的连接是“非线性”的，也就是说，计算与电路的变化几乎同时发生，可以迅速进行图像处理，处理其中一个功能大约花费一微秒的时间。

另外，芯片还有一个优势是，它的模拟信息处理器与普通微处理器不同。例如，在台式个人计算机里使用的微处理器只认“1”和“0”，是典型的数字信息处理器，而这种芯片执行计算时是“模糊”化的，这恰恰和我们的大脑处理信息的方式相同。

理论研究层层递进

不过，芯片怎样才能被用作一只人造眼睛仍处于理论研究阶段。最理想的使用方式是用它建立一个三维的“概念”，就像人脑一样有“具体的层传感器”。比如，一层能挑选边缘，而另一层能挑选颜色。

这对芯片而言并不太难，主要问题是如何将它的全部功能和人的大脑相连。人的眼睛里有 100 万根神经纤维，并且每一根都在大脑皮层中有具体的连接。没人确切知道，要让大脑“理解”一幅图，必须“动用”哪些神经纤维。

实验进行中

美国的相关专家已经成功地将他们研制的芯片植入 6 位病人的视网膜。

南加州大学的神经眼科研究所的步伐更加迅速，并取得了令人振奋的结果。他们的实验奉行“从简单到复杂”的科学原则：开始，能让病人把水倒进一个杯子，能看见桌子上的盘子、叉子等；下一步，能让他们认出亲人的某些面部的特征。

在实验中，病人戴着外形像眼镜的微型照相机，它将图像信号传递给在病人耳朵后面种植的无线接收器。然后，信号经过在皮下种植的极小电线，进入装在视网膜上的芯片，刺激眼的神经，给病人造出“视力”。

最初，病人能感知到的像素只有 16 个——16 个像素就像 16 盏小灯泡一样。这样低的分辨力，病人当然不能认识物体，但是，他们能感觉到光线的变化。如果像素能增加到 1000 个，它将提供给盲人一张照片：虽然极其粗糙，但足以“认识”一张人脸！一位盲人靠着这 1000 个像素，越过了像椅子和墙那样的障碍物，并沿着一条走廊找到了路。

技术成长中

目前这种简单的“视力”只适用于后天失明者，因为他们以前有图像的概念，所以大脑能利用一幅非常粗略的图像填入“缺口”，“补画”出未知的像素；而先天失明者要看到东西，则需要更清晰的画面。

微型照相机装置的原理非常简单，只需要一架袖珍照相机并把信号传送到视网膜上的芯片。但实际应用起来，却涉及许多的计算和技术问题。而且现在使用的芯片个头也有些大，不过这些困难都是可以克服的。据估计，不用等待太长时间这一研究领域就会有惊人的成就。

90. 隐形电脑让你随时随地享受冲浪的乐趣

越来越大的胃口

办公、学习、娱乐，电脑在短短几年里已经渗透到我们生活的方方面面了。上至老人，下至孩童，上网冲浪都已经不再是遥不可及的高科技，而成为了许多人的家常便饭。

通过网上冲浪，人们可以获取来自世界各地的海量信息。于是，在信息万变的新世纪里，人们越来越希望能够把网上冲浪变成随时随地能够进行的事情。

笔记本电脑正是在众人的这种念头下催生的。它的便携性时至今日仍在为许多办公一族创造便捷。但已经有人不再仅仅满足于此了，人类的胃口总是只增不减的，“让电脑像随身衣物一样便携”的想法在人们的头脑里酝酿着。

真的可以穿在身上

科学家的任务就是将不可能变为可能。在他们的努力下，将电脑穿在身上，已经不再令人神往。把电脑植入人体组织，使其成为人体的一部分，这种大胆新奇的发明恐怕是许多大胃口的人此前也没有想到的事情。

根据相关专家的预计，到 2010 年，一切将进入无线时代，现在人们拥有的手机、MP3、商务通等电子产品，体积会缩小到肉眼几乎看不见，成为一种隐形的人工智慧产品，人们可以随身“穿”着一“台”电脑到处游走。

隐形电脑可以放置在人们的上衣口袋、手表、眼镜、球鞋等日常用品内，构成人体内部电脑网络。上衣口袋装的电脑，可以起到电脑钱包的作用。像信用卡大小的电脑钱包可以储存大量的个人资料，在超市购物付账，只要通过一个结账出口，电脑钱包便会自动计算每件商品的价格，再自动从银行账户内扣款或记入信用卡账单内；电脑与手表结合的未来手表，具有电话、声音与文字显示性传呼机、GPS 装置以及日历等功能，保证随时对外联系；感应上衣内的隐形电脑可以随时记录包括心跳、呼吸和肺活量等信息，并将这些信息直接与家用电脑、办公室电脑甚至医生的电脑连接，保证家庭医生随时了解个人的健康状况；等等。

这种穿在身上的隐形电脑，就像一名高科技的仆人，纪录着主人的一切喜怒好恶与人际关系、每日作息时间与行程、个人财务资料等信息。举例来说，它可以自动帮助主人预订机位和商议价格、在网络上寻找便宜商品、寻找网友、搜寻工作中需要的资料，逢亲友生日时甚至会帮忙挑选礼物，最后把结果与提醒事项显示在我们的眼镜镜片上，而人们却感觉不到电脑的存在。

心灵天使

隐形电脑更让人叫绝的是，它被植入人体后，不仅永久存在主人体内，而且还化身为人的心灵天使。这些隐形电脑可以与人以文字、语言等形式交流，帮助主人思考。

麻省理工学院的专家所研发的名为“专业探员”的心灵助理隐形电脑，可以帮助正伤脑筋的主人到网络上寻找可用的资料，甚至代替主人与另一位主人的隐形电脑联系，取得对方的个人资料，供自己主人参考。

另外，一种研发当中的更人性化的心灵助理隐形电脑，可以在旁观主人上网寻找资料时，比主人先发现所需要的资料。心灵助理隐形电脑甚至还会自作主张，比如说当情人节你和朋友喝得正开心的时候，它会通过镜片荧屏对你摇摇头，提醒你与妻子的情人节晚餐快要迟到了，然后出现一张到达浪漫餐厅的路线图，要你赶赴晚餐约会。

技术难题等待攻破

在这些梦想成真之前，还有很多技术难题需要解决。专家指出，包括文字键盘、鼠标、荧屏等的设计必须方便人们使用；还有如何将这些隐形电脑植入人体，通过皮肤与隐形的电线传导隐形电脑的指令。据说，为了与人体内部网络连接，还需要开发一个包含高级微处理器、网卡和数据机的电脑，作为外部网络；另一个附有 GPS 装置的相机，以掌握个人的行踪；还有一条低功率的无线网络连接眼镜荧屏，同时连接到人体内部的主要电脑网络。所有这些装置均设计在一件背心上。

科学家预言，不管未来科技如何发展，为了将人体与电脑结合，必须依靠皮肤传导信号，在人体内植入某种具有电脑功能的隐形装置，或是穿着满是各种感应器或传导器的隐形电脑“背心”。

难以想象，一旦这些问题都得到很好的解决，穿着电脑的我们将会过上多么新奇的生活。

91. 网络智能武装起来的汽车

网络将汽车包罗其中

在商品交易兴起电子商务、住宅小区兴起宽带网工程、商业大楼兴起数字化建设的今天，人们时时处处都能感受到网络信息的无孔不入。大势所趋，汽车作为文明世界不可缺少的交通工具也必然要从游离的个体变成被信息网络收入麾下的一个成员。

“网络汽车”的概念最早是由 IBM 公司提出来的。这一崭新的概念问世之后，吸引了世界许多汽车制造商的注意。美国的各大汽车制造商纷纷与信息技术公司联合开发网络汽车。

近几年来，这些生产汽车商以 e 时代特征勾画出了几辆引人注目的网络概念车，以福特“24-7”概念车为例，设计者为它装置了 GPS、前后摄影系统、视听功能、网上收发等设备，使得驾车者和乘客能够在任何时刻享受网络信息的氛围。

解析网络汽车

说了这么多，有人可能不禁要问：网络汽车究竟是什么样的汽车？

网络汽车综合现有的硬件与软件技术，包括卫星全球定位（GPS）、无线通信、网络访问、语音识别、平面显示、夜视技术、人工神经网络等技术。它将不仅仅是一种交通工具，而且能成为办公、通信、娱乐的场所。它主要的新功能有远程诊断与车辆控制功能、移动办公功能、汽车网址功能、道路导航功能等。

以上述这些不同于普通汽车的新功能可知，网络汽车的系统构成实际上由两部分组成：一部分是车辆本身的内部网络系统，它由车载网络计算机控制，通过数据总线连接无数个子网，控制发动机及其他总成、平面显示与仪表盘显示器、中控门锁、无线电话等，各个子网都具有不同的时钟速度和各自的功能；另一部分是车辆外部的联系网络系统，包括 GPS 监测中心、互联网（Internet）及区域网（Intranet）服务商、车辆服务中心、单位或家庭电脑等。

根据上述网络汽车的概念，网络概念车的主要装置有电子地图领航系统，它利用GPS接收机与DVD-ROM机结合，将储存全国或某城乡地区交通道路资料的光盘放入机盒内，根据GPS控制中心的指示，网络汽车能知道自己在地图上的所在位置和行驶方向，并知道到达目的地的最佳路线；有汽车前后摄影系统，它将开车盲角的位置通过中控台平面显示器显示出来，在夜间可利用红外线镜头将车前一切静止及移动的物体所散发的热量转化成影像，在夜间行车时能远距离探测到路面上的障碍物；有宽频网络无线连接系统，利用今年年底可能推出的GPRS系统（传输速度可达100K）或者将来更快的CDMA系统（传输速度可达256K），能使汽车宽频网络无线连接实现,届时每位车主和乘客都可设立自己的网络地址，随时在车上上网浏览或收发语音电子邮件，举行远程办公会议，下载汽车维修资料等，甚至可以遥控居所的家用电器。

汽车革命全盘开花

有专家认为，随着信息技术的发展，计算机及通信技术将在现实中实现与汽车的逐步结合，给汽车业带来新一轮的技术革命。今天，这种技术革命正在世界各地一步步地展开。

在芬兰，诺基亚公司预计，未来所有新生产的汽车都将拥有至少一个互联网地址。诺基亚公司推出了他们的第一款汽车无线通信设备——远程信息处理系统。这套远程信息处理系统具有一个紧急自动呼叫系统，它能够在紧急情况下自动将呼叫信息发送至附近的服务中心，比如安全气袋在事故中自行张开的情况下。此外，该处理系统还能提供许多及时信息，帮助司机避开阻塞的交通，选择更加合理的行车路线。安全可靠和及时信息传递是这一系统的主要特征。这种远程信息处理系统将首先在奔驰、奥迪、欧宝和福特等名牌汽车中使用。它将使用移动电话和全球定位系统（GPS）为用户提供信息和定位服务。

IBM和摩托罗拉公司将共建基于无线通信以及互联网服务的联合开发

体制，向汽车行业提供终端用户信息通信技术，为开发新一代汽车产品及服务提供帮助。两家公司将与汽车厂商合作，将各自的技术、商品以及服务相结合，促进汽车厂商投入新一代“Telematics”（远程信息处理）产品。该产品是指车用以及嵌入式电子系统，可以向司机实时提供各种遥控接驳服务。比如，向司机提供无线通信、上网以及利用各种实时交通情报提供道路指南、防盗、个人信息服务、电子邮件、娱乐游戏等服务。

与此同时，日本将发售可上网的小型汽车导航仪。该产品将CD－ROM驱动器、导航装置、5.8英寸TFT液晶显示屏融于一体，设置了与PHS（日本简易手持电话系统）终端和移动电话的接口。通过上网，可以浏览网页，接收发送电子邮件。该产品不仅可以在车内使用，也可以带入家中作为网络终端使用。它具有图像输入、输出接口，可以同家中的电视机和摄像机等接连。

92.“眼睛打字”再现神奇

一个都不能少

如今我们已经进入了信息社会，计算机成为普及的办公、学习、娱乐工具。怎样让计算机的普及应用不把盲人落下，就成为了一个新的科研项目。

近期，英国剑桥大学的两位计算机专家发明了一种智能软件。根据媒体报道，这种软件被命名为“猛冲者”。利用这套软件时，可以使人不用键盘不动手，光靠眼睛的移动来打字，人们只需要移动自己的视线就可以在屏幕上“打出”不同的词句，每分钟可输入34字，跟常规的键盘打字速度差不多。

这一发明使残疾人打字难的问题有望得到解决。

见识眼睛“打”字

据两位发明家介绍，利用这套软件来“打字”就像从一个巨大的图书馆里寻找自己想要的文章一样。软件包括一个跟踪系统和摄像头，利用它们来跟踪眼睛的移动。当眼睛盯住一个字母时，摄像头马上把这一情况报告给计算机，计算机随即在屏幕上显示出一系列以该字母开头的单词供人选择，以此类推，直到“打出”整个单词或者句子。

另外，这种软件还能够根据不同人的写作风格作出调整，形成不同的语言模式，从而大大提高了词句的输入速度。此外，用这种方法输入词句，实际上是在“选择”单词，因此很少出现拼写错误。

有待开发应用

两位眼睛打字软件的发明者希望那些计算机制造公司能够运用这一新发明，以帮助那些手脚行动不便的残疾人提高打字速度。他们说，如果斯蒂芬·霍金使用这套软件来打字的话，那么他的输入速度可以达到目前的4倍。

93. 未来到月球去上网

对月球网络的假想

据统计，目前，贯通全球的因特网已经联结180多个国家。全球互联网用户人数更是在最近迈上了一个历史性的新台阶——超过了15亿，超过现在全球人口总数67亿的22%。整个地球似乎都被包罗在网里了。

那么月球呢？月球上引力小，并且月岩中的矿藏很丰富，很有开采价值，因此，月球在未来的200年内将成为太阳系的科学研究和工业中心。目前，欧洲、美国和日本等国家的航天学家正在为未来向月球移民和开发月球而进行科学试验，准备在 2030 年建成月球人类基地。

然而，当未来月球上的人类基地建成之时，是否也能建立起一个电脑网络呢？这个月球网络也和地球的因特网连接吗？未来人类能够到月球上去上因特网吗？随着人类对月球的了解和接触步步深入，有人突发奇想地提出了这样极具梦幻色彩的假想。不过仔细想想，这倒的确是一个饶有兴味的问题。

准备工作进行中

世界级的 IT 巨头也想到了要将因特网撒向月球、火星，撒向太空，撒向整个宇宙。据有关人士估计，人类最早可在 2030 年登上火星。地球和火星的距离约为 8000 万公里，因此，从地球向火星传输信息会有长达 40 分钟的延误，而一来一回便长达 80 分钟。此外，地球与距离更远的木星、土星等其他更远的星座的通信延误时间会更长，因此，建立星际因特网通信系统是非常必要的。

据欧洲宇航局的预测报告显示，通信学家们也正在为建立未来的月球电脑网络而进行各种准备工作，以便在将来月球人类基地建成之时，月球网络能够肩负起月球通信以及月球与地球之间的“月－地通信”的重任。

美国科学家设想，可以利用人造地球卫星作中继站，像纽带一样把月球和地球的通信网联系起来。而日本科学家则设想，不妨利用登月太空船作中继站，像桥梁一样让月球和地球之间的联系息息相通。人类的目的都是要把目前地球上最大的国际计算机因特网 Internet 联通到月球上，把因特网编织成为贯通月球和地球的巨网，让网上盛开更鲜艳夺目的“月棗地通信”之花，让网络世界上升起一轮皎皎明月，把整个世界辉映得银装素裹，分外妖娆。

梦幻的未来

想象一下，在未来的中秋之夜，一轮明月高挂在天幕上，晚风送来一醉人的花香，人们踏着银色的月光，尝着美味的月饼，在花前月下漫步之余，只需低头点击手中的鼠标，就能轻松地与月球上的亲人朋友谈笑风生该是一件多么惬意的事情啊！

94. 装在牙齿上的移动电话

科技给你全方位的武装

科技发展日新月异的今天，生活的很多方面似乎都在科技的支持下发生着或大或小的变化。用“科技武装人类”这句话来形容这种情形是最合适不过的了。

但科技对我们人类的武装能够细微到什么程度，想必很多人都还没有一个清晰的概念。科学研究的新进展告诉我们，要不了多久，先进的无线通信技术就可以让你真正做到“武装到牙齿”——把移动电话装到你的牙齿里去。

原理简单

其实这是一套从技术上来讲比较简单的设备。简单来说，只要把一个微型振动装置和无线信号接收器装到牙齿里即可，甚至普通牙科医生就可以胜任这个工作。

这款由美国科学家设计的装到牙齿里的新款手机可以用来接收电台和移动电话发出的数字信号。接收到的数字信号转换成声音之后，通过牙齿和骨头的共鸣直接传导到内耳。

一些人因此担心，这样一来嘴巴岂不是变成了一个小音箱，哇啦哇啦地不断有声音从里面传出，对周围的人多不礼貌呀！发明者之一吉米·洛伊兹说，完全不必有这种顾虑，因为声音接收系统是经过特别设计的，“声音振动处于分子水平，所以只有使用者一个人可以听到，就好像声音是从他们脑子里传出来的一样，这有些类似精神病里的幻听症。如果让一些多余的声音信号比如广告、骚扰电话等统统进入使用者的大脑，难保不让使用者精神分裂，因此我们还设计了一套控制装置，让使用者可以随意调整是否接收信号”。

价格低廉，效果棒

此外，设计者也充分考虑到了新新人类大胆前卫的消费需求。他们可以在牙齿里植入几个这种接收设备，从而制造一种类似家庭影院“环绕立体声”的音响效果。而且由于硬件装备很少，牙科医生随处可找，因此这种“武装到牙齿”的手机造价相当低廉，预计不久就可以正式投放市场。

想象一下吧，未来的某天当你的牙齿里装上这种手机之后，你的下颌骨就相当于天线，而你的头则变成了信号接收器，你就可以一边忙着手头的事情一边接电话啦，实在是方便极了！

95. 各类电子器官能你所不能

“电子”帮你能

医用电子技术是一个潜力极大的科研领域，它常用于检查、诊断人体的疾病，还由于科技人员对人体各部机能的研究，发现人身有许多的电现象，而开辟了用电子技术制作人体“零件”的新的医用电子学领域。现在，先前听上去还让人感觉很科幻的电子器官，如今正悄悄走进我们生活的各个领域，并悄然改变着我们尤其是部分残障人士的生活。

电子眼

生机勃勃的生活环境对于双目失明的人来说只不过是一团漆黑。为了解除盲人的痛苦，有科学家研制了“声呐眼睛”、“激光手杖”等，但这些仍然不能使盲人真的看到景物，而只是充当盲人的助手。

从科学原理上讲，有一条线索是可以帮助盲人恢复视力的。

眼睛和大脑共同完成人对景物的鉴别：外界的景物由眼睛的视网膜感觉细胞感觉后提取其中的有用信息转换成视神经脉冲信号，视神经将信息传给大脑，由大脑鉴别景物的形状、颜色等。一个双目失明的人，他的眼睛已经失去了接收和传递信息的能力，但是，视觉的关键是大脑的视觉中枢接收光信息的能力，只要寻找一条途径，使盲人大脑的视觉中枢接收到光电信息，就可以使盲人重见光明了。

抓住这个线索，工程技术人员在实验的基础上，研制了小型轻便的“电子眼”。所谓“电子眼”，就是在盲人眼镜的两个框上装有两个微型摄像机和一个处理机，用许多电极导线将微处理机的输出端和大脑视觉中枢连接起来。戴着盲人“电子眼”的人就如同有了真正的眼睛一样，得以重见光明。

电子喉

一个没有喉头的人可以说话，这对于哑人来说真是莫大的喜讯。这个代替喉头的仪器叫做“电子喉”。将电子喉的一根导线连接到口中的一颗“牙齿”位置上，随着人口形的变化，人们听到了一种奇怪的语声，那声音虽然有点怪，但听起来却还清楚。

电子喉是由音频电子振荡器、电声换能器和传音管所组成的。它代替声带和喉头振动，其频率可以任意调整，当使用者将频率调整适当后，就可以将电极导线连接到安置在门牙位置上的电子转换器上，于是振荡的音频电流转换为声音，这个声音经传音管送入口腔，电声转换器产生的单调声音由口腔的调制形成语言。音频电子振荡器和声电换能器取代了被切除的喉与声带的功能，而语言则由口腔完成。

电子耳

深度聋患者是指听力损失在 90 分贝以上的聋患者。这些患者通常要选配大功率助听器来提高听力，但仍有很大一部分患者配戴助听器来改善听力或提高声音分辨能力，严重影响了生活质量及正常的社会交往。近年来，随着人工电子耳蜗技术的发展及其在临床上的应用，深度感音神经症耳聋患者重新获得听觉功能有了新的希望。

电子耳蜗主要由耳蜗同植入部分、言语处理器、传递器、方向性麦克风组成。声音由方向性麦克风转换成电子信号，随即由言语处理器放大、过滤、数字化，并选择及编译成适当的信号由传递器传递到接收器，接着再传送相应电极。电极直接刺激内耳听觉神经末梢，并传送至大脑形成听觉，整个过程只需数毫秒。而最神奇的是，它还能通过不断地分别刺激听觉神经末梢以达到改善患者听力及提高言语辨别能力的目的。

这种电子耳还可以应用到战场：它能使战士监听到400米内敌人对话，并滤掉爆炸声浪，从而使士兵不被音波击伤。

随着电子技术的飞速发展以及对人体的进一步研究，在医用电子科技这个领域内将会创造出更多的人间奇迹，造福于人类。

96. 互动电视帮你实现与电视的双向沟通

互联网的撼动

半个多世纪过去了，这期间录像、影碟等各种影音传媒层出不穷，令人惊讶的是，电视机这个塑料盒子不但没有被它们排挤出局，反而从黑白走向彩色，从广播电视走向有线电视和卫星电视，从每天只播放2小时到全天24小时不停歇。

然而互联网的普及，在世界范围内动摇了电视的地位。随着互联网走近千家万户，越来越多的年轻人开始厌倦每天晚上坐在电视机前。人们喜欢通过电脑看新闻，在互联网上找乐子。面临劲敌挑战，电视必须进行革命。

互动电视——时移电视

电视要革命，要吸收互联网的引人注目之处——互动性。由此，互动电视应运而生。专业术语中，互动电视叫做“时移电视”。你可以通过遥控器，对实况直播频道进行暂停，如同使用DVD般的X2、X4、X6、X8的快进、快退操作。

可以互动的电视，让你再也不用担心朋友突如其来的来访会使你错失激动人心的足球实况转播。你只需轻按互动电视机的暂停键，就可以放心地与朋友高谈阔论了。待朋友走后再按动遥控器，互动电视会从暂停点继续开始播放球赛。

互动电视让节目等你

光是这一点，或许还不能让你看到互动电视的全部优势。因为这个“时移”让你想到了录像机。事实上，互动电视的功能远不止录像机那么简单。

互动电视可以随时任意点播电子菜单上的电视节目，真正颠覆了“人等节目”的传统收看模式，收看电视节目不再受播出时间的限制。

当别人和你大谈几天前的某个访谈节目如何有看头时，你是否会因为错过了如此精彩的节目，重播又遥遥无期，而扼腕叹息呢？拥有了互动电视之后，这种情况绝不再有。你只需要回家按动遥控器，找到上周的电子节目单，点播你想看的节目就可以了。一切都是那么简单！

新的电视，互动的电视，通过实时频道直播的时移，每个人都可以看到与别人不一样的电视节目，每个人都可以随心所欲地选择自己喜欢的节目、合适的收看时间。互动电视实现了人们看电视的个性化。

八、制造科学

97. 乌贼帮警察拦住飞车贼

电影般的出场情景

不法之徒的作案手段花样不断翻新，警察对付他们的手段在科技力量的支持下，也有了突飞猛进的发展。

近期，美国的警察系统就开始引进一种灵感源自乌贼的创新科技来帮助抓捕逃跑中的贼车。

在试验当中，人们会看到类似于警匪片中的场景：在经过一阵穷追猛打之后，警车突然从贼车的后视镜里不见了踪影，出现在飞车贼眼前的是一条畅通无阻的大道，逃犯心中一阵窃喜，他们感觉自己终于甩掉了追踪的警车，已经安全了。可就在他们刚刚放松之际，他们的车却突然动弹不得。他们想也想不到的是，就在他们以为警察已经被甩掉的时候，一名躲在树丛里的警察已经启动了路障——只见一团弹射而出的条带牢牢缠住了汽车的底盘，让贼车的传动轴和车轮再也无法转动。逃跑的贼只能选择下车束手就擒。

场景中的这种操作简便的弹射式路障就是我们要介绍的新科技。

乌贼带来的灵感

就如上述的场景中所描述的，美国的工程师正准备用这种方式来结束危险的警匪追车。他们设计的这种路障样机大约有一个井盖的大小，名为SQUID，是“安全快速底盘制动设备”的英文首字母缩写，而其字面意思“乌贼”也正是设计灵感的来源：像乌贼触手一样的条带和卷丝能让一辆以 50 千米 / 小时的速度行驶的汽车立刻停下，从而有效减小嫌疑犯和周围群众可能受到的伤害。

这套样机看上去就像是一个白色圆盘，虽然很显眼，但它打开之后可以横跨一整条车道，最终的版本将会被整合到路面中，所以很难避开。

不仅难缠还善于伪装

按照设想，SQUID可能会伪装成减速坎或者井盖，相对传统的阻车钉和水泥桶路障，它将是一种更安全的替代品，既不需要耗费很长时间来安装，也不会导致汽车冲向无辜的人群。要知道，以前就曾经发生过巡查的警探准备铺设阻车钉以便拦下嫌疑人驾驶车辆时发生意外的事故。为了使警察对嫌疑犯的拦截更有效率，更为了保证警察的人身安全，这一研究成果必须能够做到肩负起确保类似悲剧不再重演的重任。

这套设备基本上都是用现成的材料制造的。条带是用一种通常用来固定拖车集装箱的纤维织物制成的，展开条带的过程则利用了汽车安全气囊充气的原理。研究小组计划继续对其进行改进，他们希望在2010年之前，SQUID的强度足以使一辆速度超过200千米/小时、重达两吨的卡车停下来。

在科学家的努力之下，相信这种别具一格的乌贼式拦车障碍系统将会在辅助警察捕捉嫌犯方面大展神威。

98. 拥有老鼠大脑的机器人

机械的智能

随着科技的不断进步，机器人早已不再是科幻作品中的虚拟形象。现实中，各国科学家已经研制出了功能各异、形象各异的多种机器人。

这些机器人能够依照科学家和工程师的设计，对相关指令做出适当的回应，执行指令要求的动作，完成特定的工作内容。但即便如此，我们都知道，这些机器人的智能化还是机械性的，它们的行为只是在按照既定的编程进行着。要想在机器人智能上有所突破，给机器人装上适合的生物脑成为科学家们找到的一个大胆的创新点。

生物与机械的融合

大胆的想法催生大胆的行为，英国科学家已经研制成功由活体脑组织控制的有生物脑的机器人，这也是世界上第一个由活大脑组织控制的机器人。在此之前，科学家就已经表示，是否由活体神经控制是区分生命体与机器人的关键，但现在这个界限终于被这一标志性的发明给打破。

科学家为这个具有划时代意义的机器人取名为“米特· 戈登”。它是由英国雷丁大学的科学家设计的，它的原始大脑灰质由 30 万个经培育的老鼠神经细胞缝合而成。

负责这个项目的科学家称，这个开创性的试验将探索自然灵性与人工智能之间正在消失的界限，同时揭示记忆和认知最基本的构造单元。“我们的目的是弄清楚记忆是如何存储于生物大脑之中的。”戈登的主要设计者之一、雷丁大学教授凯文· 瓦维克说，“观察神经细胞在发出电脉冲时如何形成一个网络，可以对人类大脑模型中发生情况的基本原理有所了解，这会在医学上有巨大益处。”

为机器人打造生物脑

为了制造戈登的大脑，研究人员从老鼠胚胎中提取了神经细胞，在用酶清洗分离后，将其放到富含营养物的培养基中，然后置于长宽均为 8 厘米、由 60 个电极组成的列阵上。这种“多电极列阵”能起到连接活组织和机械“身体”的作用。由于“大脑”是活组织，它必须放在一个特制的温控装置内，然后通过蓝牙与其“身体”进行沟通。

“大约 24 小时内，神经元便彼此伸出树突，建立连接。1 周内，我们便看到了一些自发放电及类似活动，与普通老鼠或人类的大脑活动类似。”瓦维克说，“虽然没有额外的刺激，但大脑几个月内不会出现萎缩或者死亡。现在，我们正在寻找最理想的方式教会它以确定的方式活动。”

像人类智能迈进

在某种程度上，戈登具有自学能力。例如，在“身体”撞墙的时候，它能够在传感器的帮助下获得电刺激，学会如何处理这种情况。为了帮助戈登完成这一过程，研究人员也在利用不同的化学物质增强或抑制在特殊活动中活跃的神经通路。

当然，由于这项科技在伦理和道德上存在很大的争议，雷丁大学的研究人员短期内不会在同样的试验中使用人类神经元。即便如此，老鼠神经元已经足以让科学家了解人类大脑中的情况，从而找到攻击大脑的阿茨海默症、帕金森综合征等神经变性疾病的治疗方法。我们有足够的理由相信，生物脑机器人的发明将在人工智能、信息科学、生命科学等各个领域为人类提供启示和帮助。

99. 机器人朝全能方向迈进

形形色色的机器人

现代科技涉及的领域五花八门，但人们对机器人的热忱从未消减，科学家也从未放弃在机器人身上不断做出新文章。

目前，已经开发出来的这些大大小小的机器人各有所长。它们不但能陪主人玩耍，还能监护老人、照顾孩子、教主妇做饭、表演太极拳或武功，甚至有的还可以帮老板兜售货品、给店铺做广告。

各有所长

从功能上来看，现在已经问世的这些机器人绝对是功能非常实用的家用机器人。例如，保洁机器人，它可以代替传统吸尘器，并且可以钻到床底清洁，能自动绕过障碍物行走，遇见楼梯和台阶会自动返回，当它感到自己电量不足时还会自己返回充电。因为身高只有 8 厘米，所以它最擅长的就是清理卫生死角。另外，一个只有 14.5 厘米个头的小机器人，圆圆的脑袋造型可爱，用手抚摸它，它会做出黏人的表情；受到冷落时，它又会发出不满的声音，不失为一种绝好的智能情绪玩具。

能取送物品的机器人 EL-E 虽然还不能成为你的机器人管家，但是它已经能胜任帮你取各种物品的工作了，这让行动不便的人的生活变得轻松起来。美国佐治亚技术学院康复机器人实验室的主任查理・坎普设计了一种新式机器人，它能帮助老人或者因受伤而困在轮椅上的人拿来各种物品。

3 个轮子、一条手臂、一组相机和一个激光测距仪让 2 米高的 EL-E 能在房间里四处移动，并抓取电话、药瓶、眼镜等物品。但其最重要的部分还是它简单的用户界面，在这个界面的帮助下，任何人都能轻松地控制 EL-E。只要将一束绿色激光对准物品（例如一个苹果）几秒钟，EL-E 身上对绿光敏感的相机就能定位到物品的位置。随后，机器人会发出“叮”的一声通知你它已经找到物品了。然后它会用另一台相机估算苹果的距离，移动过去，只要你再闪一次绿色激光表示确认，EL-E 就会将苹果抓起来送给你。

现在坎普正在测试人们是否认为 EL-E 有用，同时还在测试它的易用性。今年夏天，一些 ALS（因神经受到抑制而导致肌肉麻痹）患者在坎普的实验室试用了 EL-E。科学家说，抓取一个物品看起来很简单，但这对于机器人来说确是革命性的一步。

全能管家

当然，在这些机器人当中最引人注目的还是全能管家。据介绍，这款机器人可以直接与电脑相连，即使主人出差的时候也可以通过自己随身携带的电脑，通过机器人查看家中的情况。主人可以通过语音控制它，它还可以自动定位识别家里的卧室、客厅、厨房、卫生间。这个机器人配有手腕型检测器，通过它，机器人能够随时检测出老人的血压、血脂、血糖、心跳等状况，并将这些指标以短信方式随时发送给主人。

从功能单一的机器人，到综合性能全面的全能机器人，机器人在科学的指引下，一步一步地走进人们的生活，辅助人们的生活。

100. 炫酷飞碟路上跑

飞碟不光是在天上飞的

提到飞碟，大多数人首先想到的恐怕都是外星人乘坐的到达地球的神秘飞行物。虽然没几个人见过真家伙，但有一点大家是可以达成共识的——飞碟是在天上飞的。坐着飞碟飞上天，这曾经是科幻电影里的场景。现在，美国的科学家却突发奇想地把飞碟设计成了公路上的交通工具。日前美国一家公司推出了一款独特的“飞碟”型汽车，让科幻场景在现实中得到真实上演的同时还打破了“飞碟是在天上飞的”这一共识。不过，现在面临的一个难题是，公司搞不清到底该由航空管理部门还是车辆管理部门来核准它上路 。

不仅仅是外形酷

美国公司推出的这个全球首款人造“飞碟”——“M200G 飞行器”不仅仅有吸引眼球的造型，还有许多其他普通陆上交通工具所没有的优点。

虽然是飞碟，但它无须占用多么大的空间来进行助跑，而是完全能够可以垂直起降。它可以在 3 米空中悬浮，借此躲过地面一些障碍物———借助所谓的“气垫”效应，它可以在距离地表 3 米的高度上平稳飞行。

据悉，这款飞碟车造型超酷，直径为3米，高约1米。由于内部安装有8台发动机，它的最大飞行速度与普通汽车相当，约为160公里/小时，续航力同样为160公里。

这种能力超出寻常陆上交通工具的飞碟车一次可以容纳两人。虽然准乘人数略微少了那么一点儿，但却有着更多惹人喜爱的特别之处。

首先，对于控制“飞碟”的驾驶者来说，并不需要接受复杂的训练以及申请特别许可，因为“飞碟”的驾驶基本由其内安装的电脑系统进行控制。

此外，“M200G飞行器”上安装有数台计算机，它们不但限制着“飞碟”的飞行高度，而且还会自动保持平衡。

而且它对适用地形没有特别的挑剔，能够适应任何地表环境。除了普通的地面，还适合于水面、沙漠、雪地、沼泽和草地。另外，它的油耗也低到了不可思议的程度，这在能源危机日益显著的今天尤其难能可贵。

据称，“M200G飞行器”将从2008年开始上市销售，单价约为9万美元。目前，这种“飞碟”已完成了相关试验，“穆勒国际”公司正在生产所需的零件，现在已经有6个“飞碟”的机体生产完毕。该公司宣称，可以在一天内完成相关装置的生产工作。

飞行汽车箭在弦上

除了“飞碟”以外，“穆勒国际”公司还研制了一款名为M400的飞行汽车，并有望在不久后推向市场。

据悉，M400为四座飞行汽车，可以像直升机那样垂直地起飞和降落。它装有几架风扇发动机，可任意变换角度。起飞时，风扇向下排风，产生向上的推力，随着风扇向后转动，又产生向前的推力。当飞行时速达到160多公里时，由机翼形车体产生的升力就足够支持车身重量。M400飞行时速最高可达644公里，最大飞行距离为1449公里。值得一提的是，

M400对燃料并不挑剔，汽油、酒精、柴油、煤油、丙烷等都可作为它的燃料。

几年前，世界上就有汽车公司设计过形似飞碟的概念汽车，一度吸引了全球车迷、碟迷喜爱的目光。现在，飞碟上路已经在科学家的那里变为现实。别的不说，当这种新型陆上交通工具广泛应用的那天来临的时候，交通拥堵问题至少能够得到很大程度上的缓解。这不能不让人充满期待。

九、海洋科学

101. 发现深海动物世界

发现陌生的世界

地球曾经经过数次变迁，科学研究已经证明生命最早的栖息地是海洋。虽然人类已经从海底发现了许多生命的奥秘，但多年来，科学家对海洋生命尤其是深海生物的探索始终没有停止。

不久以前，澳大利亚科学家在南太平洋水下1000多米的深处发现了一个陌生的生物世界，那里的一些动物种类早在3亿年前就已经是海洋世界的居民了。这个隐藏在太平洋深处的海底世界，是澳大利亚研究中心的科学家在澳大利亚东南沿海的塔斯马尼亚考察时发现的。

在那里的一座已经熄灭了的水下火山，有一个在地球的其他地方已经消失了的小世界，生活着曾被认为在数百万年前就灭绝了的以及其他一些还完全不为人们所熟悉的动物。研究人员发现，那里成千上万的无脊椎动物和850多种像浅海珊瑚礁那样的奇异动物形成了一座座五彩缤纷的"山"。

据作为这次科学考察负责人的海洋生物学家介绍，这次考察中最令人难以置信的发现是，在这850多种动物中，有350种完全不为人们所熟悉，而其他很多种类的动物则更是生物界的"遗老遗少"，也就是说属于那些被人们认为早已灭绝了的动物群。

深海生存令人惊讶

考察者介绍说，那里的动物世界非常让人惊讶。因为根据人类迄今为止所掌握的知识，这些动物是不能在如此深的水下生存的，因为那里的生存环境与中上层水面完全不同。

要知道，1000米深的水下是一个没有光亮的世界，那里的温度在0℃以下，而且压力是如此之大，以至一个聚苯乙烯的罐子能被挤压成只有一个指头大小。在太平洋的这一角落里，这新发现的850多种动物已适应了那里的环境，而且生活了很长很长的时间。在火山周围或者攀缘在火山岩上的生物，有细长的刺海胆、海星、甲壳动物、海葵和海蛛等。其中新发现的种类非常多，研究人员正忙于对它们进行分类。初步的研究结果显示，在人们不熟悉的动物中，海胆和甲壳动物占了大多数。

来自远古的物种

科学家们认为，这种海底环境犹如“被淹没的岛屿”，它拥有的珍稀动物之多，完全可以取代加拉帕戈斯岛，夺得生物种类最丰富地区的桂冠。

举例来说，在远古时期，海葵的分布极为广泛。这种无脊椎动物在3亿年前的古生代是很常见的，但在现在的海洋里却已十分罕见，它们是隐藏在这片深海当中遥远年代的活化石。在这种环境中最令人难以置信的生物要数海蛛，这种节肢动物在别处并不少见，但要数这里的个头最大——宽达40厘米，而其他品种却只有20厘米。这种动物躯干很小，但足爪很大，以至不得不将其生殖器官“移”到自己的肢体上。如此巨大的海蛛在深海已经生活了数亿年之久。

生存之谜

事实上，海底火山动物群的进化史，很可能与类似加拉帕戈斯岛那样长期处于隔离环境的生物的进化史相同。考察者表示，当他们把在这里找到的动物群同已经发现的其他24座海底火山的动物群相比之后，发现相同的品种极少。这是很不寻常的，因为深海动物群的分布一直是大同小异的。

这一意想不到的发现引发了更为惊人的研究结果。根据海洋生物学家的估计，全世界的深海海底火山大约有3万座。如果每一座海底火山都有自己独特的动物世界，那么现在还不为人所知的海洋动物的种类之多将是令人难以置信的。

但为什么在这样恶劣的环境下会有如此丰富多彩的生命呢？其秘密就在于有强水流不断地从这些地区经过，带来了大量的食物，而且氧气十分充足，形成了一些小块的绿洲。就这样，在一种表面看来无法生活的环境里，这些古老的和罕见的动物群体生存了下来。

102. 海水变雨水为干旱解渴

难以利用的水库

海洋大约占地球表面积的70.9%。海洋中含有13.5亿多立方千米水，约占地球上总水量的97.5%。如此巨大的水量，让水资源短缺地区的人们不由自主地把目光投向了海洋。有人预料，随着生态环境的恶化，人类解决水荒的最后途径很可能是对海水的利用。

但是，海水中含有大量盐类和多种元素，虽然这其中的许多元素是人体所需要的。但海水中各种物质浓度太高，远远超过饮用水卫生标准，如果大量饮用，会导致某些元素过量进入人体，影响人体正常的生理功能，严重的还会引起中毒。如果直接使用海水浇灌土地，会导致土地盐碱化，影响土地的正常使用，严重的还会引起自然灾害。要想利用海水谈何容易？

变海水为雨水

科技似乎能够解决一切，只是时间早晚的问题。

早在20世纪70年代，英国科学家索尔特就发明了利用海浪发电的“点头鸭式”波能发电装置，从而引发了许多波能发电设计方案和研究实验。他还设计过用一种旋转的遥控机器引爆地雷的装置。最近，他又创新地提出了利用海水制造人工雨的建议。

近期，在一次国际海洋学术会议上，索尔特提出利用风力涡轮机雾化海水增加降雨量的措施，他认为这将有助于解决全球过量用水引起的矛盾，阻止沙漠化蔓延，改善土壤质量，实现水源的稳定，抵消气候变化对全球的影响。

风力涡轮机变水为雾

索尔特建议采用一种风力涡轮机，这种涡轮机有40米高，像一个硕大的“打蛋搅拌器”，机翼形叶片的上下两端固定在一根垂直旋转的轴上，叶片依靠风力带动轴旋转，然后输出动力。

这种垂直轴式风力涡轮机也能用来发电，但它的效率没有水平轴式风力涡轮机的效率高。索尔特对“打蛋搅拌器”式的风力涡轮机的兴趣不是发电，而是设想用旋转叶片产生的离心力将海水泵入高空的大气中。为此，索尔特改进了这种风力涡轮机的叶片，在叶片中安装一些管子，在离心力作用下，在这些管子一端的喷嘴可将海水雾化成悬浮的微粒，在 5 ~ 20 米的海面上空喷射出“雾”。

索尔特指出，这种设计可以大大增加水滴的表面积，微滴很容易变成水蒸气。据介绍，在海洋上，海面上有一层不易流动的空气层，它能阻止水分子的逃逸，成为海水蒸发的主要障碍之一，而索尔特设计的涡轮机可以克服这一障碍。

索尔特计算，在风速为每秒 8 米时，一台涡轮机可以在一秒钟内把 0.5 立方米的海水提升到 10 米的高空。如果在世界的热带地区布置几百台甚至几千台这样的涡轮机，就可以制造出足够的人工雨，防止热带地区的干旱。而如果在全球大规模布置这种风力涡轮机，就可以减少几十亿人的缺水问题。

有难题有争议

索尔特指出，喷雾式涡轮机现在的主要技术难题是怎样使海水雾化，如何防止海洋生物阻塞叶片中的管道，以及如何避免海洋生物受到涡轮机的伤害。

气象学家对索尔特的大胆设想提出了怀疑，认为散布在海洋上空的水蒸气是否能和高空中的空气混合形成云层，以及能否预测在什么地方下雨都存在问题。

但利兹大学的气象学家伊恩 · 布鲁克斯说，索尔特作为一名工程师而不是大气科学家提出解决全球缺水问题的办法，是一个大胆的、有独创性的设想，大有研究价值。

103. 海洋——新的天气预报员

天气预报很重要

人类的很多活动都对天气情况有或多或少的依赖性。自 19 世纪中期以来，人类就在战争中体会到了天气预报的重要性。人们深刻认识到，准确预测天气，不仅有利于行军作战，而且对工农业生产和日常生活都有极大的好处。

现代的天气预报是应用大气变化的规律，根据当前及近期的天气形势，对未来一定时期内的天气状况进行预测。它是根据对卫星云图和天气图的分析，结合有关气象资料、地形和季节特点、群众经验等综合研究后作出的。如今人们外出，只需收听或观看天气预报，就可以决定是否带雨具，准确的天气预报对人们的生产生活有着非常重要的意义。

海洋对气候影响关键

近年来，大气与海洋的相互关系（气—海相互作用）引起着越来越多的气象学者与海洋学者的兴趣。科学家表示，在地球的天气系统中，海洋起着不容忽视的作用。更直接地说，海洋是全球气候系统中的一个重要环节，它通过与大气的能量物质交换和水循环等作用在调节和稳定气候上发挥着决定性作用，有人甚至形象地称海洋为地球气候的“调节器”。 海洋不仅占地球表面的 70%，而且保持了大量的热量，是大气热量的主要供应者。在海平面 3 米以下海水中保持的热量，比整个大气层包含的热量还要多。如果全球 100 米厚的表层海水降温 1℃，放出的热量就可以使全球大气增温 60℃。

海洋也是大气中水蒸气的主要来源。海水蒸发时会把大量的水汽从海洋带入大气，海洋的蒸发量大约占地表总蒸发量的 84%，每年可以把 36000 亿立方米的水转化为水蒸气。因此，海洋的热状况和蒸发情况直接左右着大气的热量和水汽的含量与分布。同时，海洋还吸收了大气中

40%的二氧化碳，而二氧化碳被认为是导致气候变化的温室气体之一。

所以，海洋的各项变化，对全球气候具有关键影响。然而，长期以来，人们对此却知之甚少。虽然有一些测量船定期采集海洋数据，但由于覆盖的面太小，难以做出准确判断。

海水探测器的运用

根据一项国际合作计划，科学家准备投资 4000 万英镑，在全球范围内建立由数千个海水探测器组成的海洋监测网，以提高长期天气预报的准确性。

这种海水探测器是根据英国科学家约翰·斯沃洛的一项发明设计的，它外观呈圆桶状，里面由发动机、温度传感器、数据发送器和液压泵等组成。使用时可将其沉入 2 千米深的海水中，对海水温度和含盐量进行监测。该装置的升降由液压泵进行控制，当液压泵将容器中的油压入装置外侧的袋子中时，测量器可上升并浮出水面。将油抽回容器时，探测器再次沉入海中。为及时跟踪水温变化情况，探测器每隔 10 天浮出水面一次，通过卫星将测量数据传输给计算机的气候变化模型，由研究人员对数据进行分析后，对今后的气候变化趋势做出预测。

目前，科学家已投放了 500 个海水探测器。英国气象办公室称，这些探测器提供的数据，已使 3 ~ 4 个月天气预报的准确性有了明显提高。如果其余的 3000 个探测器全部投入使用，科学家将能准确地预报几年甚至几十年的天气变化趋势，这对于减少全球旱涝灾害造成的损失具有重要意义。

104. 红海扩张的未来

红海底部槽中有槽

红海位于非洲和阿拉伯半岛之间，全长 1932 千米，最宽处 306 千米，面积 45 万平方千米，平均深度为 558 米，最深处 3050 米。红海的西北端经苏伊士运河与地中海沟通，东南端经曼德海峡与亚丁湾及印度洋相连。

红海的水下两侧有宽阔的大陆架，海底像一个大的“刻槽”，深深地嵌进两侧的大陆架之中。在主海槽槽底的中部又裂开为一个更深的轴海槽。这样，红海的海底就形成了“槽中有槽”的海底地貌形态，而且槽底非常崎岖不平。在轴海槽中分布着无数的裂谷、缝隙、管道和坑穴。它相当狭窄，最宽处约为 24 千米，一般仅有几千米宽。但是，它的深度很大，最深处达 3050 米。轴海槽和主海槽差不多和红海一样长，但在红海北端的西奈半岛附近，它们又分叉成为苏伊士湾和喀巴湾，槽中有槽的地貌形态就不那么明显了。

寻根溯源

根据科学家们的进一步研究，在距今约 4000 万年前，地球上根本没有红海。

后来在今天非洲和阿拉伯两个大陆隆起部分轴部的岩石基底，发生了地壳张裂。当时有一部分海水乘机进入，使裂缝处成为一个封闭的浅海。在大陆裂谷形成的同时，海底发生扩张，熔岩上涌到地表，不断产生新的海洋地壳，古老的大陆岩石基底则被逐渐推向两侧。之后，由于强烈的蒸发作用，使得这里的海水又慢慢地干涸了，巨厚的蒸发岩被沉积下来，便形成了现在红海的主海槽。

当到了距今约 300 万年时，红海的沉积环境突然发生改变，海水再次进入红海。红海海底沿主海槽轴部裂开，形成轴海槽，并沿着轴海槽发生缓慢的海底扩张。根据红海底最年轻的海洋地壳带推算，这一时期红海海底的平均扩张速度为每年 1 厘米左右。由于红海不断扩张，它东西两侧的非洲和阿拉伯大陆也在缓慢分离。

由此及彼

在对红海成因进行深入的研究之后，科学家们不禁联想到了大西洋的成因。

在 2 亿年前，今日辽阔的大西洋也是一个狭长的水带，它周围的大陆像今天的红海一样，也是靠得很近的。由于漫长的地质时期的海底扩张作用，大西洋形成了今天的面貌。而且，类似于红海的海底蒸发岩沉积，在大西洋西岸南美洲的巴西海域和东岸西非洲的海域下也有埋藏。此外，在红海轴海槽中的一些小海盆中富集的重金属矿物，在大西洋西岸美国东部海岸中也有所发现。

根据这一系列的研究和比对，可以得出这样的结论：今天的红海可能是一个正处于萌芽时期的海洋，一个正在积极扩张的海洋。

1978 年，在红海阿发尔地区发生的一次火山爆发，使红海南端在短时间内加宽了 120 厘米，就是一个很好的例证。如果按目前平均每年 1 厘米的速度扩张的话，再过几亿年，红海就可能发展成为像今天大西洋一样浩瀚的大洋。

105. 海底海洋站将为我们呈现海底世界

进入海底世界

人类已经越来越不满足将自己局限在陆地上的世界了。宇航员们正在

“世界的前端”太空站中继续伟大的事业时，相对应的，海洋学家们对海底世界的研究也在如火如荼地进行当中。

近期，一项名为“海底特质综合研究”的计划正如火如荼地进行。科学家们希望能在海洋下面建造一座像太空站一样的“海洋站”，在海平面下600英尺的地方为“海洋员”们提供一个永久栖息地。

虽然现在，我们人类能待在海底的时间非常有限，但根据设想，建造“海洋站”能使我们在更深的海底待更长的时间。并且相对于兴师动众的太空站之行，将来人类去“海洋站”就容易得多了：只要乘坐一部水中电梯就能轻松地上上下下。

实施方案

“海底特质综合研究”计划有两种实施方案：第一种方案是在海底建造一座固定的“海洋站”，大小像一个超级市场；另一种方案更灵活，即改装一条1000英尺长的油轮，在油轮底部平放一条长梯，“海洋站”就“粘”在长梯的底部。在任何时候，油轮都可以像打开一把折刀一样打开长梯，将“海洋站”置于深水中。

这两种方案都需要一部升降梯，加压电梯舱中的空气压力能始终保持在一个大气压，出入“海洋站”的人员用不着花时间穿潜水衣、学潜水，也不必承受深海的巨大压力，就能很轻松地到达“海洋站”。电梯舱中的一个副舱不加压，与周围的海水压力保持一致，这样做是为了方便潜水员能直接从水中出发而不必经过压力调整（突然进入不同的压力环境，人体会受到损伤，如果压力反差太大，甚至会压断人体脊椎，从而致命）。

用途广泛

目前世界上只有一座名为“宝瓶”的“海洋站”，它建在大陆架上，在海平面下70英尺深，主要用来研究珊瑚礁的构造。科学家介绍说，新的“海洋站”建成以后，将在研究诸如海洋污染、海洋动物过度捕捞等方面发挥重要作用。

这一计划还为“海洋站”设计了许多其他用途。例如，“海洋站”将成为近海区域反走私以及防止恐怖袭击的基地。此外，计划提出的第二种方案还能从事紧急救援。尽管它不能像最先进的“阿尔文”潜艇那样到达1200英尺深的海底搜寻“泰坦尼克”号残骸，但在遇到像2000年8月震惊世界的俄罗斯“库尔斯克”号核潜艇爆炸沉没事件等危急情况时，一个活动的“海洋站”在营救工作中肯定能发挥积极作用。

展示平台

虽然海洋面积占整个地球面积的70%，但由于面临各种人类无法克服的海洋环境，科学家估计，人类对幽冥的海底世界的所知尚不及它的10%，许多著名科学家认为，要想探索神秘的海底世界，最好的方法是把人送到水下。而一个能提供正常空气压力的“海洋站”将会帮助人们实现这一梦想。“海洋站”将把一个未知的神秘的海底世界展现给人们。

不同的声音

但是一些科学家认为，探测海洋用远程遥控仪器承担的风险更小。事实上，关于这一问题的争论十分像多年前发生在美国航空和太空总署的那次席卷整个科学界的争论：是把人送上太空还是把机器送上太空？“把人送到海底去，需要考虑他们的安全，还要受时间的限制，”美国国家科学基金海洋研究部门的拉里·克拉克先生说，“海洋研究需要长时期深入工作，使用仪器更好一些。”

其他科学家则主张，深海研究应该一步一步地进行，最初应该由机器设备扮演主角，待各方面技术成熟后，再把人送入深海。“‘海洋站’的想法是个‘早产儿’，意识有些超前，”新布伦斯克大学深海生态学和生物工程学研究中心主任理查德·卢茨说，“而且我想，在确实要建‘海洋站’时，也应该比600英尺深。”甚至“宝瓶”海洋实验室主任史蒂文·米勒也不看好这项计划，理由是造价太高了，“这是个很棒的想法，可费用问题确实令人头疼”。

106. 小气泡演奏大海音乐

寻找神秘之声的源头

大海的波涛是大自然献给我们的一种独特的音乐。古往今来，有多少音乐家在大海的波涛声中迸发创作的灵感。那么大海这美妙且颇具神秘色彩的“音乐”究竟是谁“弹奏”出来的呢？这么客观的问题自然要由科学家来进行回答。

小气泡——大“演奏家”

看似无趣的问题，科学家却还是认真地为我们找出了答案。美国科学家一项最新的研究发现，浪花中大大小小的气泡便是一位位天才的“演奏家”。

美国加利福尼亚斯克里普斯海洋学研究所的两位科学家格兰特·迪恩和戴尔·斯托克斯认为，涛声的“演奏者”是大海中那大大小小的气泡。而涛声的音质是由形成海浪所特有的浪端气泡的体积大小所决定的。

迪恩介绍说，大气泡和小气泡的形成过程不尽相同。海浪形成初期，浪尖会卷裹一部分空气形成一个管状空洞，当海浪下落时，这个空洞便被分割成若干部分，从而形成大气泡。当浪尖与海水再次相遇，飞溅起的浪花将海水表面的空气带入水中，小气泡就此诞生。

两位科学家分别对在实验室水池中和开放的海洋中拍摄到的高速录像进行了分析，并测算了浪端气泡的体积，进而为我们勾画出了一幅浪花中气泡形成的完整图画。根据测算，迪恩和斯托克斯将气泡分成一大一小两个种类，“大气泡”直径在 1 毫米至 1 厘米之间，而“小气泡”的直径则小于 1 毫米。根据科学家的结论，小气泡爆裂时所发出的声音要比大气泡更为剧烈。

如此细小的问题，科学家都能通过测算比对给出合理的解释。科学再次以它的非凡实力震撼了我们的心灵。这种震撼一点都不逊于大海那神秘的波涛声带给我们的心灵上的震撼。

107. 广撒大网的海洋探测技术

海底探测无止境

海洋中蕴藏着无穷无尽的资源，人类对海洋的探测从来就没有停止过。

近些年来，世界各国都在加紧研究和开发海洋资源。当然，要想更好地合理利用海洋资源，先进的探测技术和手段必不可少。为了使海洋探测能取得越来越大的收获，科学家们在研究开发利用海洋资源的同时，也一直在为提高海洋探测工具的先进性、提高海洋探测技术而不懈努力着，一些先进的海洋探测技术和设备也应运而生。

无人深海探测器

近年来，日本研制出的无人驾驶深海巡航探测器在 3000 米深的海洋中行驶了 3518 米，创造了世界纪录。

这艘无人驾驶的深海探测器上安装着高精度的导航装置及观测仪器，使用锂电池作动力。它已经成功使用无线通信手段向海面停泊的母船“横须贺”号上传送了用水中摄像机拍摄的深海彩色图像。

科学家认为，这一装置在世界上居领先地位。以这次航行试验成功为基础，海洋科学技术中心还计划开发性能更高的无人驾驶深海探测器，并且使用燃料电池作动力源。

卫星技术的应用

现如今，卫星技术被广泛应用到各个领域。我们最熟悉的卫星电视就是卫星技术的实际应用之一。

在海洋开发中卫星技术的应用十分广泛。海洋卫星拥有一些特殊的本领，这使得它能在距离遥远的高空中完成对海洋诸多现象的观测。举例来说，测量海水的温度用的就是遥感技术。当太阳发出的电磁波到达海面时，能量的分布是不均匀的。数据经电脑分析后，就可得到海面温度的情况，最后打印成一张海面温度分布图。由于几乎是同步观测后得到的数据，所以观测结果很真实。

大型海洋调查船

海洋测量船是海洋探测的一种重要工具。凡是能够完成海洋空间环境测量任务的舰船，均可称为海洋测量船。随着社会的进步和科学技术的发展，测量船从早期的仅仅完成单一的海洋水深测量、保障航道安全，拓展到海底地形、海底地貌、海洋气象、海洋水文、航天遥感和极地参数测量等领域。

大型海洋调查船可对全球海洋进行综合调查，它的稳性和适航性能好，能够经受住大风大浪的袭击。船上的机电设备、导航设备、通信系统等十分先进，燃料及各种生活用品的装载量大，能够长时间坚持在海上进行调查研究。同时，这类船还具有优良的操纵性能和定位性能，以适应各种海洋调查作业的需要。其中极地考察和大洋调查等活动，更是为世界各国科学家所瞩目。

科学家网罗了各方面的先进科技来武装我们的海洋探测队伍，相信海底世界会有更多的秘密在高技术探测下浮出水面。

108. 地壳变动制造太平洋肚脐

地壳变动不停歇

地壳自形成以来，其结构和表面形态就在不断发生变化。岩石的变形、海陆的变迁以及千姿百态的地表形态，都是地壳变动的结果。虽然地壳变动有时进行得很剧烈、很迅速，有时进行得十分缓慢，难以被人们察觉，但地壳变动一直在广泛地、持续不断地进行着。悬崖上岩层断裂的痕迹、采石场上弯曲的岩层、高山上的海洋生物化石，都是地壳变动的信息。可以说，地壳变动无所不在，地壳变动形成的地球变化无所不奇。

太平洋上的肚脐

根据日本科学家的近期发现，在日本东南、距东京大约1800公里的太平洋海底，有一块特异的地形，形状看起来非常像肚脐。科学家推测，这可能是大约1.5亿年前海底地壳变动的结果。

有科学家介绍说，这个地形存在于约6500米深的平坦海底，高低相差大约1000米，直径约100公里，呈圆形，形态仿佛人的肚脐，所以科学家们把它称为“太平洋的肚脐”。

据推测，它是1.5亿年前海底地壳变动的结果。它最初应该是诞生在如今秘鲁附近的海底，在岩浆从地下喷出、地壳扩大的过程中，由于两个海底板块的相互作用才促使它移动到现在所在的位置。

对于这一看似普通的地壳运动，科学家们却认为，这种海底地形是极其特殊的，它清楚地说明了远古时代地壳变动的复杂性，具有很大的深入研究的价值。

9. 海底微生物也可进行光合作用

光合作用

所谓的光合作用，是指植物和藻类利用自身的叶绿素将可见光转化为能量（包括光反应和暗反应）驱动二氧化碳和水转化为有机物并释放氧气的过程。光合作用是生物界赖以生存的生化反应过程，也是地球碳氧循环的重要媒介。陆地植物利用叶绿素进行光合作用，并将光能转化成推动自身新陈代谢的能量。

我们已经知道，海洋里除了藻类还有许多其他生物，那么它们是否具有同陆上植物相同的光合作用呢？

海洋微生物的光合作用

针对这个问题，科学家们进行了观察研究。美国科学家发现，除了植物能够利用光合作用产生能量之外，还有一些海洋微生物也能依靠光合作用而生存。

美国微生物学家介绍说，这是一种转换太阳能量的新方式，过去人们从未想到海洋微生物会存在光合作用，而现在的研究发现有10%左右的海洋微生物都用这种能量转化方式来制造养分，这是另一种生物适应环境的生存方式。

科学家发现，一个专门用于晒盐的池塘的水呈现红色。根据研究人员的解释，这些水之所以呈红色是因为里面有一些专门生存在极端环境中的无害海洋微生物菜——一种喜盐细菌。根据基因研究的结果，科学家们在菌体中第一次发现了细菌视紫质。

视紫质通常存在于人体的视觉细胞中，是一种感光体，其作用是接收外界光线并通过复杂的生理生化反应将光能转化成为神经信号，而海洋微生物中的这种细菌视紫质则能够将光线转化成移动电子，成为推动菌体新陈代谢的能量，这也就形成了海洋微生物体内特有的光合作用机制。

一举三得

这一发现明确地解答了我们开篇“海洋微生物是否有着同陆上植物相同的光合作用”的问题。同时也解答了过去海洋生态系统研究中一直存在的一个疑问——为什么海洋中的众多微生物似乎在没有什么食物来源的情况下能够长期生存繁衍下去。并提示人们将来利用海洋微生物视紫质光合作用产生能量的原理，人类可以制造出生物太阳能电池。

我们不得不说这是一个一举三得的发现。

109. 海洋中有淡水

从海洋寻找淡水

近年来，各项数据表明，人类面临着各种各样的资源危机，这其中淡水资源的短缺尤为引人注意，因为我们都知道，水是生命之源。在这种情况下，全球科学家都在用尽各种方法为人类找水源。

浩瀚的海洋很快就成为许多科学家瞄准的目标。可是海水并非淡水，在浩瀚的咸海中寻找到甘甜的淡水现实吗？

拖曳冰山不现实

很早以前就有人设想把从南北极漂浮出来的冰山，拖到像中东那样干旱的地区海岸，作为淡水资源使用。近年来，就有块面积达 2900 平方公里，相当于卢森堡国那样大的冰山，从南极冰盖上脱离出来，其淡水储量达 29 亿吨，可供全世界每人约半吨水。但是，拖曳冰山化淡水的设想，目前仍因经济成本问题而未付诸实施。估计在很长一段时间里，这个设想也很难成为现实。

"海泉"与"化石淡水"

近几年来，不断有人发现，在海洋底床中蕴藏有大量的淡水资源。这让许多人看到了从海洋获取淡水资源的新希望。

在美国佛罗里达州和古巴之间，海面上有一个直径 30 米的淡水区，水色、温度与周围海水皆异，人称"淡水井"。在我国福建省古雷半岛东边，有个莱屿，距该岛 500 米的海面上也有一个淡水区，叫"玉带泉"。上述两例都是海底喷泉，因离岸不远海底的含水构造都是和陆地含水构造相连的，喷出的淡水由陆地予以补给。像这样的"海泉"在美国发现 200 多处，在我国沿海地区的近海域也发现几十处。

"海泉"由于地下水露头很低，在海面以下，水头压力也是很大的。在一些大河河口外，都有第四纪晚更新世的下切古河道，其充填的沙砾层也是和陆地连通的含水层，往往在活动断层穿过的地方形成淡水露头。

除此之外，在海底海相与陆相交互地层中，陆相地层也有淡水层保存，它们一般与陆地含水构造不连通，也没有露头，成为封存的“化石淡水”。

积极开发，早日应用

如今，在国外已有开发海底淡水的实例，我国有关部门也正在积极探索开发海底淡水的技术和方法。毋庸置疑，这种开发一旦成功，将给沿海城市的用水带来福音。

110. 寒冷南极的“热水瓶”

冰雪大陆

南极洲是世界上地理纬度最高的一个洲。它位于地球的最南端，土地基本上位于南极圈以南，是一块常年为冰雪覆盖的广袤的陆地，是地球上最大的“冰雪大陆”，也是世界上最冷的大陆。自从1820年人类发现南极洲以来，南极洲这片极具特色的土地就不停息地出现人们考察的足迹。

寒冷世界的地下热水瓶

但就是在这个寒冷的冰雪世界里，科学家却发现了一“瓶”热水。在这里的莱特冰谷里，有一个瓦塔湖，湖面常年覆盖着厚厚的冰层，气候十分寒冷。但在这个湖泊的深处，却是另一番景象，离湖面60米左右的深处，有一层盐水饱和了的咸水层，温度达到27℃，比湖面的平均温度高47℃，极地考察人员形象地称瓦塔湖是地下的“热水瓶”。

冰雪世界何来“热水瓶”

那么，在冰天雪地、气候异常寒冷的南极洲，为什么会有这种湖泊深处的“热水瓶”呢？人们众说纷纭。有人认为，这是地球内部的地热向上活动的结果。但经科学探测，人们发现湖底沉积物的温度比湖底水层的温度要低，湖底水层的温度又比湖的中部咸水层的温度要低，这就说明，热源不可能来自地下。

那么热源究竟来自哪里呢？地质学家经过大量的考察研究，终于揭开了这个“热水瓶”的秘密。原来，这个热源不是来自别处，而是来自太阳。

说起来，地球上有数不清的大大小小的湖泊，比起南极洲的瓦塔湖来说，这些湖泊受到太阳光照射后所获得的热能会更多，可为什么偏偏瓦塔湖的水有如此的温度呢？原来，在寒冷的季节里，这些普通位置的湖当中并没有热水层。瓦塔湖湖面的冰层虽然很厚，但湖水却非常洁净，很少有矿物质和微生物，保持了永不混浊的状态。南极洲极昼时，虽然太阳光始终是斜射的，但长时间照在湖面上，透过洁净的冰层和透明的湖水，把湖底的水晒成了温水。这一层湖水含盐较多，咸水的比重较淡水的比重大，不会跟上层淡水对流融合，能够较好地积蓄着太阳光能，加之淡水层像件保暖的“棉袄”，湖面的冰层又像密闭的保暖库，使得这层咸水得到了“保暖”。

继续研究为我所用

在南极洲，像瓦塔湖这样的湖泊还有好几个，它们也都是硕大的太阳能储存器。在科学家看来，这一发现或许对提高人类在南极的生存能力和开发利用南极资源有着重要的意义。

111. 海洋深层水——营养健康新水源

海洋深层有好水

自 1958 年，海洋学家提出海洋深层水的概念之后，人类对去海洋深层寻找淡水的探索就从未停止。

海洋深层水是指水深 200 米以下的海水，而实际开发利用多取自 300 米以下的深海海水。这类海水具有低温、富含营养、不含任何有害微生物和污染物的特性。此外，深层海水根据所处的不同深度和部位还各具有不同特性：有的富含淡水，有的富含金属类物质或盐类物质。相比于普通淡水，海洋深层水更清洁、更营养。

这么好的水源人类自然不会错过。但由于技术水平上的限制，现在世界上开发和利用海洋深层水的国家只有挪威、日本和美国。

“神水”值得拥有

海洋深层水具有许多其他水无法取代的特性。就海洋深层水在食品饮料上的衍生产品而言，它具有的洁净、营养丰富、极易吸收的特性，仅是这一点就有许多利用价值值得我们去开发。

从海洋学的理论上讲，在大陆架外部海域的补偿深度（即海洋植物发生光合作用的极限深度，一般认为以 200 米为其极限值）以下，便可称为“海洋深层”（无光层）。地球上的海洋平均水深约 3800 米。按水深 200 米以下就可称作海洋深层水计算，海水中 95％以上都是海洋深层水。从这点我们不难得出，海洋深层水是一种取之不尽，用之不竭的宝贵资源。

另外，一般规律显示，海水的深度越深，上述可利用资源的含量越高。深层水中所含各种资源还具有较稳定、开采若干年后即可恢复、一种物质中含有多种资源特性等特点，更是为它博得了“神水”的美誉。

各显神通捞“神水”

海洋深层水的开发利用方法极为简单。只要通过一条特制的管子把海洋深层水抽到地面进行简单处理后就可使用。美国是最早开发利用海洋深层水的国家。1974 年，美国开始从理论上探讨对海洋深层水的利用。1980 年起，美国开始利用深层海水与表面海水的温差进行发电，后又进行了小规模的海藻类和深海鱼类养殖实验。

日本关于海洋深层水的利用开发起步较晚，但发展很快。他们对海洋深层水的开发利用是从对海水进行脱盐、制取饮料水开始的，逐渐扩大到利用深层水高纯度特性制造饮料、食品、化妆水；利用海洋深层水制成人造温泉，治疗各种皮炎和减肥；利用海洋深层水探索深海鱼类、虾类、贝类、蟹类生长秘密的试验也在进行中。1996 年，日本开发出用海洋深层水加工成的商品并投放市场，销售额惊人。目前，日本从事相关产品开发和实验的地区已扩及日本的许多县与地区。

成本的限制

开发利用海洋深层水面临的主要问题是成本高。抽取 1 吨海洋深层水的成本为 3000 ~ 5000 日元。日本专家估计，日本全国平均每人每天要用 400 立升水，其中作为饮料的用水只 3 立升，其余的多用于洗澡、洗衣、冲洗厕所等。随着陆地上江河湖泊和地下水日益被污染，人们从陆地上获取纯净饮用水变得日益困难，将不得不求助于从海洋深层水中提炼纯净水。只要把普通用水和专门饮用水分管道供应，海洋深层水就可进入每个普通家庭。

很大的探索空间

随着人类经济活动的日益活跃，地球资源正在加速走向枯竭。因此，从长远看，作为一种可循环型资源，海洋深层水将越来越受到人们的关注。目前，人类对海洋深层水的认识和开发均处在初级阶段，如何利用海洋深层水还有很大的探索空间。

112. 透过“海底黑烟囱”解生命奥秘

海底有烟囱

海底黑烟囱是海底热泉所形成的。1978 年，美国的载人潜艇在东太平洋中脊的轴部采得由黄铁矿、闪锌矿和黄铜矿组成的硫化物。1979 年又在同一地点约 2610 ～ 1650 米的海底熔岩上，发现了数十个冒着黑色和白色烟雾的烟囱，约 350℃的含矿热液从直径约 15 厘米的烟囱中喷出，与周围海水混合后，很快产生沉淀变为“黑烟”。据分析，沉淀物成分主要有磁黄铁矿、黄铁矿、闪锌矿和铜—铁硫化物。因这些海底硫化物堆积形成直立的柱状圆丘，故而被称为“黑烟囱”。

海底黑烟囱的发现及其研究是全球海洋地质调查近十年取得的最重要的科学成就。如今，研究仍在继续……

海底烟囱谁来筑

目前，世界各大洋的地质调查都发现了黑烟囱的存在，并主要集中于新生的大洋地壳上。根据多方研究，基本可以认定海底黑烟囱的形成主要与海水及相关金属元素在大洋地壳内热循环有关。

由于新生的大洋地壳温度较高，海水沿裂隙向下渗透可达几公里，在地壳深部加热升温，溶解了周围岩石中多种金属元素后，又沿着裂隙对流上升并喷发在海底。由于矿液与海水成分及温度的差异，形成浓密的黑烟，冷却后在海底及其浅部通道内堆积了硫化物的颗粒，形成金、铜、锌、铅、汞、锰、银等多种具有重要经济价值的金属矿产。

其他研究的指路灯

海底黑烟囱与含矿液体的运移通道共同组成了金属硫化物的成矿环境，并可以在地层中保留下来，成为研究当时古大洋环境的重要样本。

研究发现，黑烟囱喷出的矿液温度可高达 350℃，并含有 CH_4、CN 等有机分子，为非生物有机合成，如此环境可以满足各类化学反应，有利于原始生命的生存。大量的海底调查研究发现，在海底黑烟囱周围广泛存在着古细菌，它们是古老生命的遗留物。而研究显示，只有地球早期的环境才与黑烟囱创造的高温环境类似，为此科学家认为地球早期水热环境和嗜热微生物可能非常普遍，地球早期的生命可能就是嗜热微生物，原始生命就起源于海底黑烟囱周围。

为了从黑烟囱获得更多原始生命的线索，科学家在世界各地进行了撒网式调查。他们先后在日本、德国、美国、加拿大等地找到了古海底黑烟囱的残片及相关块状硫化物。但是，大多数硫化物的时代很少大于6亿年，而距今25亿年前后是地球演化历史上最重要的划时代界限，地球发生了许多重大变化，虽然以前在加拿大和澳大利亚发现了26亿～27亿年前的金属硫化物矿产，但尚无海底黑烟囱残片的报道，于是老于25亿年古海底黑烟囱纪录成为科学家们共同的期待。

最近，我国五台山－太行山交界区发现了25亿年前的海底黑烟囱，这为地球生命起源与大洋演化提供了重要证据。五台山与太行山地区保留了古老海底黑烟囱完整的地质纪录，具有岩石类型齐全、构造形态完整的特点，具有极其珍贵的科学价值。期待科学家以此为契机，为我们展示更多的生命奥秘。

十、材料科学

113. 水变“油”仍有希望

不合定律的想法

石油原油以及石油加工的一系列衍生物，可以说已经渗透到我们生活的方方面面了。世界经济大发展的当代，石油更是工业必不可少的基本能源。而水就被认识到是“万物之源”。能源危机之下，许多人就开始梦想有“水变油”的奇术。

但现代科学无情地告诉人们，根据元素守恒定律（化学反应前后元素的种类不会改变），这一转化几无可能。因为水含有氢、氧两种元素，而油的主要成分是碳氢化合物，一些成分较为复杂的原油还含有磷、硫、钾、钠等元素。

新型纳米管把水变成“油”

最近提出将水变成燃料这一新技术的是美国的一个工程学教授及他的同事。尽管在他之前，已经有科学家提出了用二氧化钛纳米颗粒催化反应，但由于催化效果不明显，科学家普遍认为这一研究没有任何价值，尽管如此，两人还是选择迎难而上。经过无数次的失败尝试，他们发现当水蒸气和二氧化碳通过二氧化钛纳米管，同时引入氮气，另外在纳米管的表面负载了铜和铂的纳米颗粒，生成碳氢化合物的速度比以前快了 20 倍左右。

终于在经过一年半的艰辛努力，他们成功地将原本只会在科幻片中出现的“水变油”技术变成现实。帮助他们完成这一转化的正是小小的二氧化钛纳米管。他们用这种纳米管催化水蒸气和二氧化碳，结果得到了甲烷（一种碳氢化合物，是天然气、沼气、煤气等的主要成分）。

从化学原理上讲，这一反应绝没有违背元素守恒定律。反应物是二氧化碳与水蒸气，最后生成了甲烷和水，反应物和生成物都含有碳、氢、氧元素，催化剂不参与反应。

但关于整个反应过程还没完全弄清楚。科学家们现在只知道，当可见光照射在纳米管上时，纳米管释放出高能量的电荷载体，使得水分子分解为氢氧自由基和氢离子。科学家猜测，二氧化碳可能分解成氧气和一氧化碳，在催化剂作用下与气态氢反应生成甲烷和水。

离拯救人类还有距离

但是，这项新技术并不能把人类从资源枯竭的恐惧中拯救出来。

从反应条件来看，格兰姆斯的新技术离大规模工业生产还有很大距离。虽然是在可见光下，但反应所需的纳米管和催化剂很昂贵，反应速度远不能达到高转化率、高产出量，还不能实现工业化连续生产。格兰姆斯说，目前催化剂的效率很低，“目前为止，我们还不具备拯救人类的能力”。

不过，格兰姆斯对未来的研究很乐观。他向媒体讲述了他的三步计划：第一步是给纳米管安装感应器，让它更好地起到光导作用；第二步，在纳米管的表面更平均地沉淀铜纳米颗粒；第三，使用实惠的太阳能光电板，这样一来，可以更长时间地照明。结合其他一些改进措施，转化效率能成倍提高。这个结果还是基础性研究，目前的主要任务是提高生产效率，实现规模化生产尚需时日。

能源新希望

自然界在成千上万年里积聚的“老本”（如石油等各种矿产资源），正在一点点走向枯竭，人类必须积极寻找出路。

从当前来看，新的能源技术使一些地区取得了极大的成功，如某些发达国家的核能发电量已占到了总用电需求的50%以上。

尽管代价颇高，尽管只是前进路上的“一小步”，但格兰姆斯及其团队水变“油”的尝试，还是让人们看到了解决资源困境的希望。

114. 纳米人工骨帮助断骨再生

难解的骨损伤问题

许过骨损伤患者都梦想有一天骨头能像身体的其他组织一样，在受损后进行自我修复。长期以来，许多医生也致力于修复创伤、肿瘤、感染造成的大范围的骨缺损，以恢复肢体功能。然而现如今临床上对大范围骨缺损的医治仍是世界难题：采用自体骨移植难以满足大段骨移植的要求；异体骨移植产生的疾病传播和排斥反应又令人担忧；临床上广泛使用的各种以金属、陶瓷或高分子制造的人工骨在生物相容性、生物活性、生物可降解性及与被植入者原有骨的力学匹配性等方面都有各自的缺点。

于是，设计制造新型骨替代材料成为了解决这一问题的关键。

纳米材料的引用

骨是最复杂的生物矿化组织，在微米尺度和纳米尺度的观察下，它的结构都是不同的。纳米骨仿照人类骨的生成机理，采用自组装方法制备纳米晶羟基磷灰石／胶原复合的生物硬组织修复材料，使复合材料的微结构具有天然骨分级结构，并且具有和天然骨类似的多孔结构，人体对它完全没有排异反应等副作用。

这种由纳米尺度级别材料构成的人工骨还可以根据不同部位骨生长的需要制成不同的硬度，并且植入人体硬组织缺损处，使降解速率和新骨生成速率基本匹配，修复效果接近植入自体骨。

而且，与原有传统人工骨材料相比，纳米人工骨修复后的骨头和人体骨完全一样，不会在体内留下植入物。综合这些优点来看，纳米材料无疑是修复大段骨缺损的理想材料。

实验的检验

纳米骨的移植手术已经在我国成功实验了。一位颈椎损坏十几年的老人，术前走路都成问题，纳米人工骨移植手术之后，他的腿不疼了，脑子也不涨了，术后三天就能走路了。

在此之前，专家们采用纳米人工骨完成了在兔子和狗身上进行的长骨、颅骨、颌骨、脊椎骨的大量修复实验，实验证明了纳米生物材料作为修复材料具有安全有效性，并达到大尺度（40 毫米）的长骨缺损修复。

一位资深骨科医生说："对于骨愈合我们需要观察半年时间，目前来看病人对纳米人工骨没有任何排斥反应。纳米人工骨已用于多种骨病的治疗，预期可以在全国各大医院应用。"对于广大饱受折磨的骨病患者来说，这绝对是一大福音。

帮助人骨复原

人体植入纳米骨后，就好像藤会沿着支架不断生长一样，人体的骨细胞就会慢慢爬进多孔的生物材料内部，破骨细胞一边"吃掉"纳米骨，成骨细胞一边巩固阵地，在纳米骨的内部生长起来。随着时间的推移，骨细胞在纳米骨的内部聚集得越来越多，纳米骨的材料逐渐被人体吸收，直到纳米骨完全被人体自身的骨细胞代替。

专家介绍说，纳米人工骨比较轻，如果纳米人工骨能正式投入临床使用，1~2 克纳米人工骨移植术需要收费 1000~2000 元钱，与其他种类的产品价格相近。而且根据不同的需要，现在的纳米人工骨可以加工成颗粒状、柱状、块状等多种形状，目前专门用于治疗骨质疏松的可注射的纳米人工骨针剂正在研发中。

在我国，每年因为骨肿瘤切除手术后需要进行骨修复的病例就有 25 万例左右。毫无疑问，这种纳米人工骨将会改变千千万万个因为骨缺损造成伤残的人的命运。

115. 植物产金科学带你见证奇迹

科学成就“点金术”

数不清的实例告诉我们，在科学家眼里，什么都是宝贝，没有他们办不到的事情。

可是如果有人告诉你：小麦或玉米里含有黄金，或者说，作物的秸秆可以变成黄金，你一定还是不敢相信，会认为这是天方夜谭。

可事实摆在眼前，让你不得不信。近期，美国得克萨斯大学的两位研究人员就在做从植物里提取黄金的研究和开发工作。这种“淘金”法不仅真的淘出了金子，还能帮助人们清除环境污染。

植物居然能产金

美国两位科学家经过潜心研究，找到了从小麦、紫花苜蓿特别是从燕麦里提取黄金的方法。他们只用一种简单的溶剂就能把人工栽培的作物变成宝贵金属的来源。

这两位科学家的“淘金”方法是基于植物具有吸收金属的能力这一原理。他们认为，这种方法不失为一种从土壤里开采黄金的廉价办法：让生长在土壤里的植物为正在迅速兴起的纳米技术提供所需要使用的那种形式的黄金。

据估计，这项技术有可能形成一种全新产业，其产值在未来 3 年内可达到 2.14 亿 ~3.70 亿美元。不过，这两位科学家奉劝人们，千万别以为这样可以发大财，用这种方法“开采”，获得的黄金数量非常微小，而且这种黄金既不是我们所能看到的金锭，也不是金块，而是一种黄金粒子，其直径只有数十亿分之一米。如果你放弃了目前的工作，转而大规模种植紫花苜蓿，弄不好你会亏本的。

经济又环保

在当今生物学研究中，黄金粒子被用来作为研究细胞生物过程的一种标志物；在纳米技术中，它还被作为纳米级电子电路的电触点（electrical contacts）。可是目前制造黄金纳米粒子的方法不但投资巨大，而且制造过程会产生化学污染，对环境保护极为不利。

这次是第一次有报道的研究人员从活的植物能够形成这种微型金块，无疑为制造纳米粒子开辟了一条“崭新的令人鼓舞的途径”。如果从植物中提取出这种黄金粒子的技术能够得以推广，那将“既经济又有利于保护环境”。

植物不为人知的一面

事实上，科学家早就知道植物能够从土壤里吸收金属。植物能吸收各种有毒化合物的这一性能，还使得人们把植物当做一种生物吸尘器，用来清除受到砷、TNT 和锌以及具有放射性的铯等污染的场地。

据一位化学工程教授介绍，从紫花苜蓿里提取黄金的方法是人们在治理墨西哥城污染的努力中发现和形成的。他们对植物进行分析后惊奇地发现，金属在植物里并不是像人们所想象的那样处于分散状态，而是以纳米粒子团的形式沉积在植物里，就像电子工业中的量子点那样，于是这两位科学家和他们的同事们很快就从清除污染研究的项目转移到了纳米技术研究的领域。

植物身上黄金点多多

植物的贡献远不止此，它还能用于勘探黄金。研究人员在热带地区发现，植物里含金量的多少，可以作为在土壤里寻找新的黄金的一种直接标记。特别是当土壤被火山爆发后的尘埃和灰烬覆盖后，不能对土壤进行直接取样测试时，依靠植物勘探黄金就显得特别有用。

科学家利用紫花苜蓿进行了有关实验，他们让这种植物的种子在富含黄金的人工生长介质里生根发芽。依靠 X 射线和电子显微镜，他们不但在这种植物的幼芽里观察到了黄金，还欣喜地发现，这些黄金形成了纳米粒子黄金。

这些科学家还对从植物里提取其他金属进行了试验。他们利用植物“制造”了银、铕、钯和铁的纳米粒子。现在他们正在“制造”用于磁记录的铂离子。他们认为，要达到批量生产规模，可以通过在室内富含金的土壤里或者在废弃的金矿场地上种植植物的方法获得纳米粒子。他们还利用小麦和燕麦进行了对比试验，结果表明，燕麦是最理想的“淘金”植物。

116. 不是天衣也可以无缝

期待神奇复原

试想一下，如果哪天你身边的物品损坏之后能够自我修复，那该是一件多么神奇的事情啊！比如，断裂的眼镜自行恢复，完好如初。

普通人的梦想通常正是科学家的研究课题。自我修复材料的开发也是科学家一直在努力研究的一个课题。

为寻找一种能“自愈”的材料科学家们已开展多年研究，并取得了一定的研究成果。

聚合物不彻底的自我修复

美国的工程师曾经研制出了一种能自我修复裂痕的聚合物。这种聚合物修复裂痕的机理是在材料中预先嵌入装有化学试剂和催化剂的小胶囊，在材料发生断裂时，可通过两者的化学反应填补裂缝。不过化学试剂用完后这种材料的自我修复功能便会消失。

自我修复功能长效的神奇塑料

而最近另外一名科学家发明的新材料是一种透明塑料，这种塑料在受热后能自动修复裂痕，更重要的是，这种修复裂痕的反应是可逆的，因此不存在失效问题。

这种新材料的自我修复功能是靠两种有机分子（呋喃和马来酰亚胺）之间的狄尔斯—阿尔德反应形成聚合物长链获得的。这种反应是可逆的：如果对塑料加热，可使它们分解成原来的活性分子，这样，它们就能再次发生反应修复裂痕。为得到这种能自我修复的透明塑料材料，科学家控制化学反应使聚合物链生成三维网状结构（而不是分散的链状结构），材料中分子链的基本结构单元含有 4 个呋喃基分子和 3 个马来酰亚胺基分子。这种新型塑料韧性强、透光性好，在室温下十分坚固。

"疗伤"原理

那么，这种材料是如何实现自我修复功能的呢？

研究人员在一台机器上拉伸这种塑料，直到它们断成两段；一两天后，科学家把两片断裂的材料紧紧地夹在一起，把它们加热到 120℃，然后再使它们冷却，这样，断裂的两片聚合物间的裂缝在冷却时就能自我"愈合"，"愈合"后只留下不很明显的痕迹。因聚合物并未熔化，而是靠化学键重新连接在一起的，因此这与焊接不同。

当塑料裂开时化学键断开，而重新形成化学键时又能将裂缝接好。这让我们不能不为之惊叹。

仍有改进空间

从神奇塑料的修复原理来看，这种新材料可用作计算机线路板。如果计算机线路板出现裂缝，线路板上的电路就会损坏，而在使用过程中，计算机会定期被加热和冷却，这样，如果在使用中线路板出现了裂痕，它会在下一次加热时自我修复，从而可保护线路板不致损坏。

当然，目前这种材料的不足之处有两点：一个缺点是材料的"愈合"需要人工加热；另一个缺点是"自愈"后塑料片的强度会降低 40%（这是因为要使破裂的表面完全不留气体是很困难的，而气体的存在会使化学键连接的牢固程度降低）。

相信依靠科学的力量，这种神奇的材料会以更完美的形象出现在我们的生活当中。

117. 有记忆能力的玻璃

近年来，一种具有存储记忆功能的新型玻璃在科学家的实验中成功研制出来了。这种神奇的玻璃是由一种新型红色长余辉发光材料在玻璃上经特殊工艺处理做成的。

它的记忆存储功能通过了实际的考验：将印有文字和图像的纸片盖在一块透明的玻璃上，然后用短波紫外线、X 射线、γ 射线进行高能电磁辐射，玻璃就能自动“默记”这些文字、图像。当受到日光等长波光源照射后，在暗背景中保存的这种玻璃，仍能把文字、图像再现出来。

长余辉发光

要想更进一步地了解神奇玻璃的神奇所在，我们必须首先了解一下长余辉发光的概念。

“夜光粉”相信大家都不陌生，实际上为人们所熟知的“夜光粉”就是长余辉材料的一种，但它只能发出黄绿色一种光，发光时间一般仅为一两个小时，且亮度低。以往，为维持其发光强度，都采取加入放射性元素的办法，但这会对人的健康和环境造成危害。如何找到一种更科学的长余辉发光材料，一直受到人们的关注。

所谓长余辉发光，是指白天在太阳光、日光灯或其他高能电磁辅照下将能量储存，晚上再把所储能量释放出来从而发光。

20 世纪 90 年代后期，有科学家开始了新型长余辉发光材料的研究。先后成功研制出能发出绿光、蓝光、紫光、红光的长余辉材料，发光时间也更长，发光亮度和耐光性更强，黑暗中肉眼可见达数十小时以上；他们还制成了玻璃、陶瓷等不同发光体模块。在科学家的实验室暗房中，由这些长余辉发光材料制成的粉状、椎状、块状等多种形体的玻璃陶瓷发光体模块，发出的各种光彩十分夺目。

而这其中的长余辉红色玻璃更是具有透明、发红光，晶化后可由红色变成不透明的绿色或黄色，余辉时间长，可将文字、图像写入、存储、读出等神奇特点。

原料来自稀土

另据专家介绍，这些长余辉发光材料的主要原料提取自稀土，而我国稀土储量占世界稀土总储量的百分比高达80%。长余辉发光材料的研发不仅可以带动稀土资源的综合开发利用，同时，由于不用电就能发光，使得长余辉发光材料在工业、民用领域的用途将十分广泛。

等到“储光”技术在科学家的改进下进一步成熟后，这种玻璃在高科技领域的应用前景将不可限量。举例来说，利用这项技术，一套大百科全书的内容都可能“写”在一块拇指大小的玻璃晶片上，而动态的三维立体影像也可以完整无损地长时间保存下来，那将是多么神奇的事情啊！

118. 能自我清洁的玻璃

高空清洗难又险

高层建筑的玻璃幕墙、玻璃窗需要清洁工人绑着安全带悬在空中对其进行清洗。这种高空清洗作业既艰苦又危险。但除了这种方法，似乎又没有更好的清洁方法可以采用。要是这些高层建筑的玻璃都能自行清洁该多好啊！

想得出做得到

“玻璃自行清洁”，这听上去像胡话的想法在科学的帮助下真的要变成现实啦！

武汉理工大学赵修建教授辛勤研究10年，终于将一种无须人工清洗的自洁玻璃研制成功。

十多年前，赵修建教授开始了玻璃自洁的研究，在实验中他发现一种半导体材料具有奇异的自洁特性：在光照下产生自由电子“空穴对”，可以分解附着的有机物质；同时，这种材料有极强的“亲水性”，水在材料表面扩散迅速，不易形成水珠，可将大量尘土等无机物冲走。

据此，他将这种材料制成了“ 玻璃镀膜”，镀在普通玻璃表面。实验证明，在光照下，玻璃真的能够分解油污、动物粪便和微生物，经雨水冲刷后，洁净度明显提高。

顺利投放市场

自洁玻璃顺应了建材生态化国际潮流，在高楼幕墙、汽车、光学仪器方面有突出的应用优势。目前，已有一家公司与武汉理工大学合作，决定批量生产“自洁玻璃”。很快我们就能在市场上见到这种神奇的玻璃啦!

119. 制造最黑物质

比炭还黑

“比炭还黑”是日常生活中我们形容一个人或一个物体非常黑而常用的一句话，听了这句话，很多人都会在脑海中出现黝黑的炭的形象。在普通人的眼里，炭已经是黑得不能再黑了的物质。可是，炭真的如我们认为的这样，是世界上最黑的物质吗？英国科学家新近发明的一种新材料给了我们一个否定的回答。

最黑物质诞生

英国科学家利用蚀刻技术，用硝酸浸泡含有适量磷元素的镍合金，制造出光线反射率极低的超黑色表面材料，这是世界上已知的最黑的物质。

事实上，用化学方法蚀刻镍磷合金能使物体表面反射率下降、颜色变黑这一设想已经有大约 20 年的历史了，但以前的尝试都不太成功。

英国科学家用电子显微镜检查了几百种合金板的表面，发现镍磷合金中含磷量对蚀刻后表面结构有很大影响。科学家将需要处理的物体浸在硫酸镍和次磷酸钠溶液中 5 小时左右，使表面生成镍磷合金的镀层，然后将物体浸在硝酸中几秒钟。如果镀层中含磷量在 5% ~ 7%，蚀刻后的物体表面会布满微小的坑，反射率最低，就可以形成迄今所知的最黑的物体表面。如果含磷量高于 8%，表面就会形成微小石笋状结构，反射率增高。

光学仪器的好材料

据有关媒体报道，英国国家物理实验室研制的这种超黑材料，其反射率比目前光学仪器上用于降低反射率的黑漆还要低 10~20 倍。这种超黑物体表面对吸收特定入射角度的光特别有效，如果入射光角度合适，物体表面光反射率可低于 0.35%。与之相比，目前光学仪器所用的黑漆光反射率为 2.5%。当入射角度为 45° 时，超黑物体表面的光反射率只相当于黑漆的 1/25。

超黑材料的这一特性使得它被认为是将来用于制造精密光学仪器的绝佳材料。科学家认为，用这种技术可在金属、陶瓷等多种材料表面形成超黑镀层。它在低温条件下不易开裂，与黑漆相比更适用于在外层空间工作的仪器，完全有希望用于帮助改善哈勃太空望远镜的图像质量。

120. 穿药上身——皮肤病有了新疗法

用药不便

皮肤病是严重影响人民健康的常见病、多发病之一。其治疗使用最多的是外用药，如溶液、糊剂、粉剂、霜剂、洗剂、软膏、酊剂和乳剂等。然而，外用药的使用方法和药效维持的问题一直为医患所头疼。而且，日常生活中，很多外用药因为具有黏性容易给使用者的正常生活造成不便。

怎样才能让对症的外用药药效得以长时间维持，让患者换药更方便而又不影响其正常的生活呢？

药衣问世

最近，德国科学家开发出的一种新型织布为解决皮肤病用药难的问题提供了很好的解决办法。

这种新型织布是由设在北威州克雷费尔德的德国纺织品研究中心的科学家发明的。据介绍，科学家利用自然纤维和人造纤维中都含有的一种名为“环式糊精”的糖分子使织布拥有了医疗功能。该分子化合物能在织布内形成微小的孔状空间，并具有吸收不渗水物质的性能。

科学家介绍说，通过特殊方法处理，他们将一些外敷药物的有效成分添加进新型纺织品内，从而使这种织布内部那些微孔能够较好地保存这些药物而不“流失”。在织布与人体接触时，极少量汗液“刺激”使药物被“激活”，有效成分会慢慢渗出被人体吸收，达到与外敷药物同样的疗效。

皮肤病患者的福音

也就是说，使用这种布料缝制内衣提供给皮肤病患者，可以保持药物时效，而且使用方便，能够更有效地治疗患者的皮肤病。这项成果为许多皮肤病患者解除了频繁换药的痛苦。

该项目的科学家正考虑用这种织布缝制各种内衣，以给有大面积皮肤病的患者提供一种舒适的新疗法。相信在不久的将来，皮肤病患者的用药问题会在这种新型药衣的帮助下得到改善。

121. 从农田里收获塑料

广泛采用

自从问世以来，塑料就以其轻便而坚固、容易着色、耐化学侵蚀、绝缘良好、加工容易、价格便宜、用途广泛、效用多等特点受到各个行业领域的欢迎。仅以汽车制造业为例，作为轻型化趋势的一个方面，汽车的内外材料通常采用塑料，金属在汽车中所占的比例正逐渐缩小。

塑料需环保

塑料在给我们带来各种便利的同时，也给我们带来了污染，于是如何生产出可降解程度高的塑料就成为科学家们瞄准的一个科研目标。

新近一个好消息传来：塑料的生产正在从工厂向农田转移，将来或许有一天汽车也会从农田里“长”出来。怎么回事呢?

环保塑料地里长

巴西一家公司先用植物淀粉合成乳酸，再用其来加工塑料，为此，培育出了淀粉含量高出正常品种30%的红薯品种。科研人员在一片面积约1500公顷的实验田的中央建起一座工厂，把收获的红薯加工成塑料。这种塑料制成的部件废弃后埋在土里还可分解成水和二氧化碳，自行降解。这种材料不仅可用于汽车制造，在家用电器上用途也极其广泛。

与此同时，大众（巴西）公司也在进行一项农田里生产汽车的计划。在其新一代产品中，采用产于巴西的天然麻纤维做成车的内部骨架，这种麻纤维还可用在小型车的外装修上。有关专家认为，来自植物的塑料将来很可能取代钢铁在汽车制造业中得到普遍应用。

把人们的目光引向农田的还不只汽车工业，里约热内卢州科技厅下属的材料研究中心的科研人员正在进行另一项实验。专家们从具有合成聚酯能力的微生物中提取出相关基因，然后移植到水稻中去。待水稻成熟后，从茎叶中提取的聚酯可用来加工饮料瓶。这种饮料瓶与目前市场上流通的饮料瓶的最大区别在于，丢弃、掩埋到地下之后，可自行降解，不会造成任何污染。

汽车塑料、饮品包装塑料都已经在地里实现了向环保方向的迈进，但生活用塑料包罗万象，把环保在塑料身上进行到底，我们仍需努力。

122. 新生材料让你用不了手机

不文明行为难禁

在公共场合尤其是医院、会议厅之类的公共场合使用手机是一件很惹人厌的不文明行为。由美国密歇根大学进行的一项民意调查显示，六成的手机用户表示在公共场合使用手机可能成为一个“最讨人厌”的行为。四成的用户表示，应该立法禁止在诸如博物馆、电影院和饭店等公开场所使用电话聊天。

各公共场所已经针对禁打手机贴出了明显的标志，但并不是每个人都能做到自觉自律。那么，换个思路，有没有什么办法让人们在这些场合想打手机也打不成呢？

屏蔽信号没商量

“磁木”是日本一所大学的电子学专家的研究成果。对于电磁波来说普通木材是“透明”的，而日本科学家研究的这种新材料却可以阻挡电磁波。

科学家先是通过研究找到一种用镍锌铁素体磁性材料屏蔽无线电波的方法，当电磁波触及铁素体粒子磁性材料时会被它吸收。随后在测试了一系列铁素体与木材结合的可行方案后他们发现，夹在两片薄木板间的铁素体层吸收电磁波效果最好。进一步实验表明，厚度为4毫米的“磁木”能最大限度地吸收微波信号；如增加木板厚度，可增加吸收无线电波的频率范围。

而研究人员选用木材作为屏蔽电磁波的基础材料是因为木材能产生美观的室内装饰效果。与普通木制装修材料相比，“磁木”制成的装饰材料在美观方面丝毫不逊于普通木制装修材料。而同时，用“磁木”面板制作的装饰品、墙面材料乃至楼房结构应用到建筑中之后，任何人都无法在该建筑内使用手机通话。

想打也难

“磁木”将成为防止手机用户在不应打手机的场所拨打手机的有效手段，这种新材料能吸收微波无线电信号，可使手机用户在需要安静的剧院、教堂、教室等场所无法使用手机。

如果将来“磁木”被广泛应用到这些公共场合，那么开篇我们提到的不文明行为就能够轻易地得到妥善解决了。

123. 神奇手术线自动将刀口缝合

自行缝合省麻烦

外科手术现在被广泛地应用到医治各种身体疾病当中。众所周知，做完手术当然需要缝合伤口，但在许多外科小手术中往往没有足够空间用来缝合病人的伤口，带来不少麻烦。

德国科学家与美国科学家最近发明了一种可以自行缝合伤口的手术用线，大大简化了手术伤口的缝合过程。

简单却神奇的缝合过程

根据成功完成这项研究成果的德国亚琛大学的科学家与美国科学家的介绍，这种新型伤口缝合线是他们利用合成材料制作出来的。

使用这种新型伤口缝合线，在医生做完手术之后，只需要将这种缝合线放置在伤口的合适部位然后进行适当的加热，该缝合线就能自行结节并相互拉紧，达到缝合的效果。

灵活又无毒

科学家还解释说，用来制作这种新型缝合线的合成材料具有一种所谓的“形状记忆”功能，这使得新型缝合线可以根据加热到的不同温度恢复到之前曾经给定的形状，也就是形成各种适当的扭结效果。

此外，该材料对人体无毒，不会产生任何不良反应，并可以在一段时间之后自行分解，而且不会在人体内留下残余物质。

124. 灵活的智能窗帘

窗帘的革命

窗帘，顾名思义，就是挂在窗上的帘子。大家对它肯定不会感到陌生。自古以来中国就有了窗，有了窗就有人想到应该要有东西在需要的时候把窗给遮住，于是就有了窗帘。起先人们没有布也没有纸，他们用树叶当窗帘。后来在人们有了布，更进一步地说有了丝绸之后，皇族和贵族的有钱有势的人们就用丝绸当窗帘了。

窗帘能够阻挡阳光和灰尘，是我们点缀格调生活空间不可或缺的选择之一，是主人品位的表现，是人们心情的调节，是生活空间的精灵，是我们日常生活必不可少的用品。但是即使再怎么方便的新潮窗帘也难免占据空间，影响窗口的摆设、布置。经历了历史变迁的窗帘迫切地需要再来一次革命。

灵活的智能

日前，国外市场上出现的一种智能窗帘圆满解决了上面提到的问题。

这种所谓智能窗帘实际上就是一种具有窗帘功能的窗玻璃，它的夹层里有一层水溶性聚合纤维，低温天气时这种聚合物中的油质成分把凝结的水分子聚集在自己的周围，像僵硬的绳子似的成串排列，阻挡光线；当它受热时，这种聚合物分子又像沸水里翻滚的面条，摆脱凝聚时的束缚，此时又变得清澈透明起来。这一转变过程大部分情况下只需两三度的温差就能有所反应，并且是双向可逆式进行。

开发前景广阔

国外科学家正在研究如何把这种水溶性聚合物进一步推广到建筑行业当中去，开发一种能自行调温调光的新型建筑材料，不仅可以做屋顶、窗玻璃，还可以做墙壁。在不降低生活舒适程度的情况下，节能降耗，减少电力生产造成的环境污染。

125. 修补骨骼——泡沫完成不可能的任务

泡沫有了惊人用途

泡沫材料如泡沫塑料、泡沫橡胶、泡沫玻璃等都是气体分散在熔融固体中的分散物系，经冷却而得。它具有轻便、耐压等特点，被人们广泛地使用在生活的各个方面。但是，新近美国科学家将泡沫用于修补骨骼却着实令人大吃一惊。

科学家发现，波音飞机所使用的一种保护天线的泡沫材料可用在完全不同的领域——修补受损的骨骼。

改密度变用途

为了保护 F — 18 喷气式战斗机的无线电天线，美国空军委托波音公司的科学家研制出一种轻重量泡沫材料作为防护层，用以包裹飞机上的无线电天线。这种泡沫材料既能防止飞机天线损坏，又不会干扰飞机正常接收无线电信号。

这种泡沫材料由空心的二氧化硅球与聚合物胶合而成，每个二氧化硅空心球的直径约为 90 微米，黏结在聚合物中的显微空心球的空隙之间，可以让空气渗透通过。研究者发现，通过调整显微空心球和聚合物的比例，能够控制泡沫材料的强度和泡沫材料的空隙度。研究人员设计出多种不同比例的泡沫材料，其中有一种的“配方比例”正好与人体骨骼的性能极为相配。

泡沫修骨骼

矫形外科医生十分需要像骨骼一样的材料以代替发生病变或被撞伤损坏的骨骼，很快，这种材料就受到了骨科医生的青睐。这种泡沫材料能够吸引骨细胞生长，其强度和坚固程度足以取代骨骼，从而能有效地对损坏的骨骼进行修补。

以往，由于并不总是能够满足被替代部位骨骼的需要，从人体其他部位移植的骨骼往往难以满足移植要求；目前使用的钛制人工骨植入物因缺少弹性效果也不理想。理想的植入物应该是一种“脚手架”一样的材料，在“脚手架”上可沉积骨细胞并使其自然生长，但目前使用的许多“脚手架”材料不很坚固，难以承担骨骼所需承受的力量。

以往经验再加上新材料的特性，矫形外科医生认为，波音公司发明的这种保护天线的泡沫材料是用以修补受损骨骼的理想“脚手架”材料。他们通过实验把这种材料植入了兔子骨骼，结果没有发现排异反应；在取出泡沫材料植入物后他们发现，在泡沫材料植入物上已有许多新的骨细胞和血管在泡沫材料的孔隙中生长。

它是怎么做到的

有人可能不禁要问，这种材料是怎样促使骨骼生长的呢？科学家进一步的研究为我们找到了答案：骨细胞是以电信号方式相互“通信联系”的，吸引骨细胞生长的方法是在“脚手架”材料上加一个电场。由于电磁信号能够无阻碍地通过泡沫材料，因此，可使骨细胞电信号很方便地吸引新生的骨细胞进入泡沫材料，从而使骨细胞能顺利生长，完成受损骨骼的愈合。

图书在版编目(CIP)数据

聪明孩子不可不知的125个科技前沿 / 乔春颖编著.
—哈尔滨：黑龙江教育出版社，2012.12
ISBN 978-7-5316-6791-9

Ⅰ. ①聪… Ⅱ. ①乔… Ⅲ. ①科学技术－青年读物②科学技术－少年读物 Ⅳ. ①N49

中国版本图书馆CIP数据核字(2012)第282718号

聪明孩子不可不知的125个科技前沿
CONGMING HAIZI BUKEBUZHI DE 125GE KEJIQIANYAN

作　　者　乔春颖
选题策划　彭剑飞
责任编辑　宋舒白　彭剑飞
装帧设计　冯军辉
责任校对　石　英
出版发行　黑龙江教育出版社(哈尔滨市南岗区花园街158号)
印　　刷　山东临沂新华印刷物流集团有限公司
开　　本　700×1000　1/16
印　　张　18.5
字　　数　167千
版　　次　2013年1月第1版　2013年1月第1次印刷
书　　号　ISBN 978-7-5316-6791-9
定　　价　36.80元